Nahum Godi

Recursos energéticos do biogás e energias renováveis

AF550910

Nahum Godi

Recursos energéticos do biogás e energias renováveis

ScienciaScripts

Imprint

Any brand names and product names mentioned in this book are subject to trademark, brand or patent protection and are trademarks or registered trademarks of their respective holders. The use of brand names, product names, common names, trade names, product descriptions etc. even without a particular marking in this work is in no way to be construed to mean that such names may be regarded as unrestricted in respect of trademark and brand protection legislation and could thus be used by anyone.

Cover image: www.ingimage.com

This book is a translation from the original published under ISBN 978-3-659-83614-5.

Publisher:
Sciencia Scripts
is a trademark of
Dodo Books Indian Ocean Ltd. and OmniScriptum S.R.L publishing group

120 High Road, East Finchley, London, N2 9ED, United Kingdom
Str. Armeneasca 28/1, office 1, Chisinau MD-2012, Republic of Moldova, Europe
Printed at: see last page
ISBN: 978-620-8-29031-3

Copyright © Nahum Godi
Copyright © 2024 Dodo Books Indian Ocean Ltd. and OmniScriptum S.R.L publishing group

ÍNDICE DE CONTEÚDOS

ABREVIATURAS, GLOSSÁRIOS E SÍMBOLOS

AD - Anaerobic Digestion

CBP - Community-Size Biogas Plant

CC- Connecting Capacity

CDs - Cow Dungs

ECN - Energy Commission of Nigeria

FFTC – Food and Fertilizer Technology Center

KVIC – Khadi and Village Industries Corporation

MNES – Ministry of non-convention Energy Sources

NGOs – Non-Governmental organizations

PEDA - Punjab Energy Development Agency

PRC- People's Republic of China

RES - Renewable Energy Source

SÍMBOLOS GREGOS

Δ = Delta (increment)

β = Greek (Constant)

PREFÁCIO

O principal fator e desafio que afecta a maioria dos países em desenvolvimento em todo o mundo é a energia. E este tem sido um dos principais temas de discussão, especialmente nos países do terceiro mundo. Uma fonte de energia fiável e sustentável é muito desejada para alimentar a economia e esta necessidade nunca é demais enfatizar. A Nigéria é ricamente abençoada com uma variedade de recursos energéticos convencionais e não convencionais (esgotáveis e renováveis), mas a nação ainda permanece num estado de dilema em termos de fornecimento adequado de energia. É tendo em conta esta realidade que este livro considerou o biogás como uma fonte de energia alternativa, sustentável e fiável para melhorar a crise energética prevalecente na Nigéria, tanto a nível interno como nas nossas indústrias. O biogás é uma fonte de energia derivada da ação de bactérias anaeróbicas na fermentação de resíduos orgânicos, resíduos animais, matéria vegetal e alguns resíduos industriais de origem orgânica. Assim, esta tese analisou a quantidade de energia de biogás produzida a partir do estrume de vaca (CD) de quatro (4) diferentes variedades selecionadas de vacas, a saber, Holstein Frísia, Simmental, Jersey (todas de raça exótica) e a raça branca Fulani (raça local), que foram alimentadas com concentrados ou dietas. O resultado da investigação consiste em recomendar a raça adequada para a produção de biogás com base na quantidade de metano, CH_4 (gás borbulhante) produzido por cada uma delas. É mantida uma temperatura média de 25^0 C -30^0 C no digestor, enquanto se observou um nível ótimo de pH de 6-7 para atingir a produção máxima de biogás. Além disso, foi mantido um tempo de retenção e taxas de carga adequados. O biogás gerado foi recolhido e as percentagens foram analisadas. A relação entre as quantidades de biogás produzidas por cada vaca foi determinada utilizando correlações parciais. Os resultados revelaram que a vaca Fulani branca tem a maior quantidade de metano (CH_4) 85,331%, seguida da vaca Holstein com 84,916% e 69,233% e 60,459% para a Jersey e a Simmental, respetivamente. Os resultados forneceram as bases para recomendações ao governo, ao sector privado, a indivíduos, a organizações não governamentais (ONG) e a consumidores locais que possam estar interessados na produção de biogás sobre a variedade adequada de estrume de vaca a utilizar, de modo a aumentar a produção máxima de biogás.

A procura de recursos energéticos nos países em desenvolvimento, em particular na Nigéria, e o consequente declínio no fornecimento dos mesmos para satisfazer as necessidades domésticas e industriais tornam este livro perfeitamente relevante. Já não é novidade que a Nigéria, nos seus mais de cinquenta (50) anos de independência, não conseguiu obter um fornecimento estável de energia, situação que tem suscitado muita preocupação e retrospetiva por parte de todos. Com as necessidades energéticas a continuarem a aumentar, a produção nacional de energia disponível para utilização local não aumentou de forma a corresponder às necessidades.

A Nigéria é tremendamente abençoada com uma variedade de recursos energéticos, tanto convencionais como não convencionais. Só a reserva de resíduos animais, que é uma fonte viável para a produção de biogás, foi estimada, em 2005, em 61,00 milhões de toneladas/ano e a de resíduos de culturas em 83,00 milhões de toneladas/ano. No entanto, o objetivo é produzir 50MW e 400MW de eletricidade a partir da biomassa até 2015 e 2025, respetivamente. A utilização adequada destes recursos abundantes não só melhorará a situação energética na Nigéria, como também impulsionará a economia do país, melhorando assim as actividades económicas e a produtividade. O aumento da produção de petróleo e de gás no país, que tem inúmeras vantagens, deveria ter sido utilizado para satisfazer as necessidades energéticas da população, mas não foi esse o caso. A corrupção, os desvios financeiros e a falta de sinceridade afectaram a economia e quase todos os sectores, incluindo a imagem do país. Estes são os principais factores responsáveis por tornar absolutamente difícil a resolução das necessidades energéticas da Nigéria.

O principal fator que afecta o progresso económico da Nigéria é a energia e este tem sido um tema importante de discussão séria e contínua no país.

Uma fonte de energia fiável e sustentável é muito desejada para alimentar a economia do país e esta necessidade nunca é demais enfatizar. Acrescentou que uma fonte alternativa de energia conhecida como energia de biomassa pode ajudar a aliviar as necessidades energéticas do país e do continente africano.

O biogás, como fonte de energia, pode ser convertido para beneficiar a Nigéria a nível interno e para alimentar as nossas indústrias e empresas de pequena escala. Isto é possível na Nigéria, onde os resíduos agrícolas, humanos, domésticos e industriais existem em grande quantidade. A utilização e aplicação corretas destes resíduos abundantes podem ser utilizadas para gerar biogás para cozinhar, iluminar e produzir eletricidade através do funcionamento de um motor de combustível duplo. Este pode substituir até 75% do gasóleo. Esta e outras utilizações incomensuráveis do biogás tornam absolutamente necessário estudar este assunto.

Por isso, esta investigação tem como objetivo analisar mais de perto os recursos de que dispomos, especialmente os resíduos de gado ou estrume de vaca (CD) para gerar biogás para consumo doméstico. Em suma, este projeto consiste numa análise comparativa da quantidade de energia ou de biogás obtida a partir dos CDs das nossas vacas locais em comparação com as variedades exóticas; tudo isto numa tentativa de recomendar qual a variedade que gera maior quantidade de biogás e em que condições. Isto ajudará as partes interessadas, o governo, as organizações não governamentais (ONG) e aqueles que estão dispostos a investir na produção de biogás ou nesta área a tomar decisões adequadas e melhores que beneficiarão a sociedade e a nação em geral.

Foram efectuadas várias investigações na área da produção de biogás, embora esta investigação não reivindique qualquer originalidade extraordinária ou avanços inteligentes; No entanto, o significado e a utilidade desta investigação baseiam-se no facto de que aqui, a tese está preocupada em analisar criticamente a quantidade de biogás gerado a partir da fermentação anaeróbica de CDs de uma variedade de estrume de vaca de uma amostra de raças exóticas de vacas, viz Holstein Friesian, Jersey e Semmental e compará-lo com uma raça branca local Fulani que foram alimentados com diferentes dietas e recomendar qual a raça é adequada para a geração de combustível de biogás, com base na quantidade de saída de metano (CH_4).

A produção de biogás ou de "gobar" não é um campo de estudo novo, mas parece que ainda não foram feitos esforços concertados para se chegar a uma diferença quantitativa na quantidade de energia produzida por uma variedade de vacas, o que este projeto pretende alcançar. Um bom conhecimento da quantidade de biogás produzido a partir de uma variedade de estrume de vaca (CDs) de diversas raças de vacas ajudará a decidir qual a raça de vacas em que se deve concentrar para obter a produção máxima de biogás. Além disso, com o recente impulso, os avanços científicos e a melhoria da tecnologia na área da hibridação animal em que estão envolvidos agricultores de grande escala, é necessário um conhecimento correto e adequado da produção de biogás de uma determinada raça de vaca. Serão envidados esforços no sentido de aumentar a criação dessa variedade para obter a produção máxima de biogás. Deste modo, a produção de biogás combustível pode ser aumentada, ou seja, através da criação de vacas adequadas que forneçam os CD apropriados para a produção de biogás.

Este livro não pretende ser uma abordagem exaustiva, mas sim um guia para investigadores, estudantes e instituições que pretendam realizar uma investigação aprofundada sobre esta matéria. Os temas aqui abordados irão contribuir de forma significativa para a aprendizagem e para o desenvolvimento de competências no domínio da produção de energia a partir do biogás.

-Autor

Introdução

AOS RECURSOS ENERGÉTICOS DO BIOGÁS

E
ENERGIAS RENOVÁVEIS
ALGUNS CONCEITOS BÁSICOS

1. *O biogás* é o combustível gasoso obtido a partir da degradação de matéria orgânica, como vegetais, resíduos agrícolas, lixo, excrementos e resíduos industriais, na ausência de oxigénio.

2. *A biomassa* é a matéria orgânica proveniente de organismos biológicos (plantas, algas).

3. *A fermentação* é um processo de decomposição da matéria orgânica por microorganismos, especialmente bactérias e leveduras.

4. *A energia* é a aptidão ou a capacidade de realizar trabalho. Pode ser exergia (trabalho útil) ou anergia (trabalho inútil)

5. *Os recursos* são materiais que podem ser convertidos ou aplicados para fins úteis.

6. *A digestão* é a decomposição de materiais complexos em partículas mais pequenas, sob a ação de microrganismos.

7. *Anaeróbio* é qualquer processo que pode ocorrer na ausência de ar. É o oposto do aeróbio, que requer a presença de ar.

8. *A metanogénese* é o processo de produção de metano.

9. *A hidrólise* é a conversão de polímeros complexos em monómeros.

10. *Renovável* é o que pode ser reabastecido naturalmente. Exemplos são a energia solar, eólica, geotérmica, eólica, etc

11. *Não renovável* refere-se ao que não pode ser reabastecido naturalmente.

Os exemplos são a energia nuclear, os combustíveis fósseis, etc.

12. *Convencional*

13. *Não convencional*

14. *HRT* é o Tempo de Retenção Hidráulica. É o tempo necessário para o início do processo de produção de biogás.

OBJECTIVOS

Este livro procura atingir os seguintes objectivos de aprendizagem:

- Determinar a quantidade de biogás que pode ser obtida de cada uma das quatro (4) variedades de vacas selecionadas.
- Determinar em que condições e parâmetros climáticos será produzido o máximo e adequado gás metano (CH_4).
- Analisar as percentagens e a quantidade de cada gás produzido.
- Mostrar os benefícios da bioenergia (biogás) como fonte de energia alternativa.
- Fazer recomendações adequadas com base nos resultados da investigação

SIGNIFICADOS

O significado deste livro para investigadores e estudantes de energia é tremendo, avassalador e imensurável. Especialmente porque a energia está a assumir a liderança principal na sustentação do desenvolvimento e da tecnologia em todo o mundo atualmente. A importância desta investigação pode ser particularmente proeminente nos países do terceiro mundo, onde a crise energética está a reduzir drasticamente o ritmo de desenvolvimento.

Outro ganho notável deste livro é a melhoria da base de dados da investigação disponível sobre a produção de biogás. Isto é especialmente importante porque o aspeto comparativo é considerado crítico. Este livro irá aumentar os recursos académicos disponíveis sobre a produção e utilização de biogás na Nigéria e abrir novas perspectivas para os investigadores sobre a produção de biogás em todo o mundo.

Além disso, dará ao governo e ao sector privado a oportunidade de dedicar tempo e recursos suficientes à produção de biogás, a fim de fornecer informações adequadas a todos.

Em suma, este estudo tem por objetivo

i. Fornecer mais informações sobre o aspeto da produção de biogás às autoridades, às ONG e aos participantes do sector privado

ii. Fornecer informações adequadas tanto ao sector académico como aos fornecedores de energia a partir do biogás

iii. Ajudar a despertar o espírito dos investidores para que invistam mais na produção de biogás, através da assimilação dos processos agrícolas relevantes

CAPÍTULO 1

DISPONIBILIDADE DE RECURSOS BIOLÓGICOS

1.1 Breve história do biogás- 1.2 O que é o biogás?

OBJECTIVOS E RESULTADOS DE APRENDIZAGEM

Os objectivos da Secção são:

✓ *Apresentar o que é o biogás face aos desafios energéticos, particularmente nas economias em desenvolvimento.*

✓ *Ajudar os estudantes de Energia a apreciar o conceito de gás biogás (gobar ou biológico).*

✓ *Explicar de forma simples e clara o que é o biogás e descrever a história do biogás.*

✓ *Incentivar a produção de energia para uso doméstico, industrial e comunitário.*

Este livro será útil para estudantes, engenheiros e tecnólogos na abordagem de questões energéticas para o desenvolvimento nacional.

A energia da biomassa pode ser aproveitada de várias formas. No entanto, o nosso centro de discussão aqui é a produção de biogás, que utiliza vários resíduos orgânicos para produzir biogás (biocombustível), água mineralizada e fertilizantes orgânicos.

O tema e o estudo do "biogás" ou "gobar" (o gás borbulhante que se vê nos lagos onde são despejados estrumes de animais), como é habitualmente referido, é de extrema importância e interesse, tendo em conta os numerosos recursos energéticos e ambientais de que a Nigéria é dotada pela natureza. Não conseguimos converter e traduzir esses recursos em benefício das nossas comunidades famintas. Isto é particularmente importante, uma vez que estas fontes de energia são abundantes e ocorrem naturalmente.

O biogás ocorre naturalmente como resultado do processo de decomposição bacteriana. O termo "biogás" é atualmente utilizado em todo o mundo, em vez de "gás metano", para descrever o combustível obtido pela fermentação anaeróbica de resíduos animais, domésticos, vegetais e industriais em digestores. O biogás é geralmente constituído por 40% a 70% de metano (CH_4), sendo o restante constituído por dióxido de carbono ($C0_2$), sulfureto de hidrogénio (H_2S), amoníaco (NH_4), hidrogénio e vestígios de outros gases, dependendo da natureza da matéria-prima utilizada.

Existe um ciclo de vida contínuo à medida que as plantas e os animais morrem. As plantas e os animais morrem e são reciclados para manter e sustentar a vida no planeta. Na presença de oxigénio, a matéria orgânica "compõe-se" (sofre decomposição aeróbica) e quando a decomposição ocorre na ausência de oxigénio (condições anaeróbicas), é produzido gás metano e o líquido remanescente é rico em azoto e outros nutrientes.

A energia contida na vegetação, nos animais, nos resíduos industriais e domésticos pode ser libertada sob a forma de um gás útil quando fermentada anaerobicamente, ou seja, na ausência de oxigénio. O biogás formado após a decomposição de resíduos orgânicos é canalizado ou transportado para as habitações para ser utilizado para cozinhar, fazer funcionar motores, produzir energia eléctrica e aquecer, com praticamente pouca ou nenhuma poluição. Este gás é atualmente utilizado em grande escala em muitos países. Neste aspeto, será analisada a literatura relevante, especialmente sobre a degradação anaeróbia de resíduos orgânicos, de modo a proporcionar uma compreensão lúcida e a natureza dos gases libertados no processo.

As centrais de biogás são frequentemente consideradas como a fonte de energia barata nas zonas rurais. Isto é praticamente verdade, tendo em conta o facto de haver disponibilidade de depósitos de resíduos nas zonas rurais, especialmente de gado, que é a principal fonte de estrume de vaca. Este estudo dedicará tempo a examinar a literatura actualizada sobre esta matéria e a enorme fonte de estrume de gado disponível para a produção de biogás.

Além disso, nas nossas cidades metropolitanas da Nigéria, é um segredo aberto que não dispomos de uma política de gestão de resíduos e que as nossas grandes cidades continuam a ser bairros de lata, com montes de resíduos orgânicos e inorgânicos depositados literalmente em vários locais. Não conseguimos converter estes resíduos em fontes de energia rentáveis para melhorar a crise energética com que nos confrontamos. Em vez disso, estes resíduos tornam-se centros de reprodução de mosquitos e outros vectores de doenças responsáveis pela drenagem dos nossos escassos recursos nacionais. Serão envidados esforços concertados para analisar a numerosa literatura sobre a forma como estes montes de depósitos de resíduos podem ser convertidos em fontes de energia úteis.

Com um bom planeamento, a ocorrência natural de metano (o gás borbulhante que se vê nas lagoas e nas lixeiras) pode ser adaptada para satisfazer as necessidades energéticas da nossa população. Isto pode ser conseguido através da construção de contentores estanques à água e ao ar, conhecidos como "digestores", quer sejam poços revestidos com tijolos, betão ou tanques de tijolo. Os estrumes e outras matérias orgânicas, depois de adequadamente diluídos, podem ser armazenados e processados por métodos "descontínuos" ou "contínuos" para produzir biogás. Os restos após a decomposição anaeróbica da vegetação ou dos resíduos animais, que são muito ricos em azoto, são utilizados como fertilizantes para melhorar os processos agrícolas e também para melhorar a higiene. Serão consideradas várias literaturas sobre os tipos de instalações de biogás, as condições favoráveis para a obtenção de uma quantidade razoável de biogás e todos os processos de produção de biogás.

Além disso, a concentração na conversão destes enormes depósitos de resíduos nas nossas cidades para a produção de biogás não só contribuirá muito para resolver os conflitos energéticos e de combustíveis que enfrentamos, como também proporcionará uma via adicional de emprego para as nossas comunidades. Isto implica, invariavelmente, a utilização adequada de vários resíduos, incluindo o estrume de vaca (CDs) para a produção de biogás. Ao fazê-lo, o biogás será produzido tanto para consumo local como industrial. Isto significa, consequentemente, melhorar o fornecimento de energia e melhorar a qualidade de vida.

No entanto, devido à natureza versátil do biogás, serão utilizadas diversas perspectivas e abordagens para examinar o assunto. Serão analisados trabalhos de investigação e relatórios técnicos adequados sobre a produção de biogás. Além disso, será analisada uma literatura breve e concisa sobre a conceção, a construção e a viabilidade de instalações de biogás.

Além disso, será feita uma revisão da literatura sobre as experiências de produção de biogás noutros países e no terceiro mundo em particular.

Outros aspectos importantes que serão objeto de uma breve análise da literatura incluem: sistemas de biogás, gás combustível a partir de estrume de vaca, biogás como fonte de energia renovável, tecnologia do biogás no terceiro mundo, processo de ciclagem do biogás e dos resíduos, adubo composto e produção de biogás a partir de resíduos humanos e agrícolas, digestor de estrume, etc.

1.1 Breve história do biogás

A produção e utilização de biogás remonta a 2000 anos. É um combustível valioso que, em muitos países, está a ser produzido em digestores construídos para o efeito, cheios de matéria-prima como estrume ou esgotos. Há indícios de que o biogás é utilizado há muitos anos. No entanto, provas anedóticas indicam que o biogás era utilizado para aquecer a água do banho na Assíria durante o século X a.C. e na Pérsia durante o século XVI d.C. Marco Polo mencionou a utilização de tanques de esgotos cobertos. A literatura chinesa antiga remonta provavelmente a 2 000-3 000 anos atrás.

A tecnologia, ou processo, data de há muito tempo, 1630 (van Helmont), 1667 (Shirley) são alguns dos que mencionam o gás como tal (Tietjen, 1975). Em 1808, H. Davy fez experiências com estrume de palha numa retorta em vácuo e recolheu biogás. Ele não estava interessado no gás, mas sim no estrume podre ou não podre.

Jan Baptita Van Helmont determinou pela primeira vez no século XVII que os gases inflamáveis podiam evoluir a partir de matéria orgânica em decomposição. O Conde Alessandro Volta concluiu em 1776 que existia uma correlação direta entre a quantidade de matéria orgânica em decomposição e a quantidade de gás inflamável produzido. Em 1808, Sir Humphrey Davy determinou que o metano estava presente nos gases produzidos durante a digestão anaeróbia de estrume de gado.

Na década de 1840, foi construído um digestor na cidade de Otago, na Nova Zelândia. A primeira instalação de digestão foi construída numa colónia de leprosos em Bombaim, na Índia, em 1859. A digestão anaeróbia (DA) chegou a Inglaterra em 1895, quando o biogás foi recuperado de uma instalação de tratamento de águas residuais "cuidadosamente concebida" e utilizado para alimentar candeeiros de rua em Exeter. O desenvolvimento da microbiologia como ciência levou à investigação por Buswell e outros na década de 1930 para identificar as bactérias anaeróbias e as condições que promovem a produção de metano.

A Índia é um país com muitos reactores de biogás instalados e tem uma longa história de desenvolvimento do biogás. A primeira unidade habitualmente referida na literatura é a unidade de biogás do Asilo de Leprosos Sem-Abrigo de Mantunga, perto de Mumbai. Pode discutir-se se deve ou não ser designada por unidade de biogás, uma vez que a sua função principal parece ter sido o tratamento de águas residuais, mas o gás já era utilizado em 1897.

O biogás tem continuado a encontrar-se e a desempenhar um papel importante no desenvolvimento da energia no mundo atual. Mais investigação e informação estão a evoluir na construção de digestores e na produção de energia a partir do biogás.

Um dos principais componentes do biogás, o metano foi reconhecido pela primeira vez como tendo valor prático e comercial em Inglaterra, onde uma fossa séptica especialmente concebida foi utilizada para gerar gás para fins de iluminação na década de 1890. Há também relatos de unidades de produção de metano bem sucedidas em várias partes do mundo, e muitos agricultores perguntam-se se essas unidades de produção de metano em pequena escala podem ser instaladas a um custo mais baixo nas suas explorações para converter os resíduos em algo mais valioso.

[th]O primeiro digestor de lamas de depuração foi construído em Exeter, no Reino Unido, por volta do início do século XIX. Existe uma história razoável em "Anaerobic Digestion" em 1979, diz Stafford Wheatly & Hughes. O Prof. Hughes atribuiu sempre o crédito aos babilónios. Julgava que o primeiro pioneiro dos digestores agrícolas dos últimos tempos tinha sido L. John Fry, que soldou tambores de óleo em África na década de 1940.

Também o italiano Alessandro Volta observou que a decomposição dos vegetais produz um gás combustível. Volta afirmou que o "ar combustível" estava a ser produzido continuamente nos lagos e lagoas nas proximidades de Como, no Norte de Itália. Volta observou também que, quando perturbava os sedimentos do fundo, que contêm mais material vegetal, surgiam mais bolhas. Em 1806, William Henry demonstrou, através de experiências, que o "ar combustível" de Volta era idêntico ao gás metano. Humphery Davy, no início da década de 1880, notou que o metano estava presente nos montes de estrume da sua quinta. Em 1868, Bechamp demonstrou que o metano era um composto de carbono formado pela ação de microrganismos.

Tappebeir, em 1887, demonstrou de forma conclusiva que o gás metano era de origem microbiológica, abrindo assim caminho para o aproveitamento desta tecnologia na produção de energia.

1.2 O que é o biogás?

O biogás é uma mistura de metano, dióxido de carbono e vestígios de sulfureto de hidrogénio. É produzido a partir de excrementos humanos, estrume animal, excrementos de aves, lamas de depuração, entre outros.

O biogás é gerado quando as bactérias degradam material biológico na ausência de oxigénio, através de um processo conhecido como digestão anaeróbia. A digestão anaeróbia é basicamente um processo simples realizado em várias etapas que pode utilizar praticamente qualquer material orgânico como substrato - ocorre em sistemas digestivos, pântanos, lixeiras, fossas sépticas e na Tundra Árctica. Os seres humanos tendem a tornar o processo tão complicado quanto possível, tentando melhorar a natureza em máquinas complexas, mas uma abordagem simples ainda é possível.

Se a fermentação for feita na ausência de ar, o gás produzido pode conter uma concentração de metano (CH_4) tão elevada como 70 a 75 por cento; o gás restante é principalmente dióxido de carbono (CO_2), hidrogénio (H), sulfureto de hidrogénio e vestígios de compostos de azoto como o amoníaco (NH_3). Quando se dá tempo a animais, plantas, vegetação e resíduos domésticos, estas bactérias anaeróbias agem sobre eles, produzindo um gás que é normalmente designado por biogás. Este gás natural ou "gás dos pântanos" pode ser utilizado como uma fonte rica de combustível e de produção de eletricidade.

O biogás é uma forma de energia renovável, alternativa e sustentável. A tecnologia do biogás não só ajuda a produzir uma fonte de energia alternativa, como também ajuda a preservar o ambiente e a melhorar as condições de saúde. Além disso, uma cidade com uma população de cerca de 35 milhões de habitantes que produza ou gere resíduos pode produzir cerca de 1 milhão de metros cúbicos de gás por dia, libertando um calor total de cerca de $5,5 \times 10^9$ Kcal.

A composição do biogás numa determinada análise de biogás é revelada no quadro 1.1.

Tabela 1.1: Composição típica do biogás gerado

Typical Composition of Biogas Matter	**Chemical Formula**	**Percentage (%)**
Methane	CH_4	50-75
Carbodioxide	CO_2	25-50
Nitrogen	N_2	0-10
Hydrogen	H_2	0-1
Hydrogen Sulfide	H_2S	0-3
Oxygen	O_2	0-2

Fonte: KVIC, 1993

O biogás não contribui para o aumento das concentrações de dióxido de carbono na atmosfera porque o gás não é libertado diretamente para a atmosfera e o dióxido de carbono provém de uma fonte orgânica com um ciclo de carbono curto.

CAPÍTULO 2

MATÉRIA-PRIMA PARA O PROCESSO DE PRODUÇÃO DE BIOGÁS

OBJECTIVOS E RESULTADOS DE APRENDIZAGEM

Os objectivos da presente secção são os seguintes

- ✓ *Ver a abundância de matérias-primas que podem ser convertidas em energia (bioenergia).*
- ✓ *Analisar o estrume de vaca como fonte de energia e explicar o papel que o estrume de vaca desempenha na produção de energia.*
- ✓ *Ver algumas vacas exóticas disponíveis para a produção de biogás: Holstein Frísia, Jersey, Simmental e a local Fulani Branca, cujo estrume é uma fonte rica de biogás.*
- ✓ *Considerar as principais operações de produção de biogás.*

Estudantes, engenheiros e tecnólogos encontrarão neste livro um recurso excessivo para fornecer respostas e selecionar a matéria-prima certa para a produção de energia.

O biogás é um processo biológico que envolve a libertação de metano e outros componentes pela ação de bactérias anaeróbias em resíduos decomponíveis, levando assim à produção de biogás (biocombustível).

O biogás é produzido pela digestão anaeróbica de resíduos animais, como já foi referido. Estes processos envolvem três etapas: (i) **hidrólise**, que converte polímeros orgânicos em monómeros (com a ajuda de bactérias hidrolíticas); (ii) **formação de ácidos**, que envolve a conversão de monómeros em compostos simples, como CO_2 , NH_3 e H_2 , utilizando um grupo de bactérias formadoras de ácidos (bactérias acetogénicas) e (iii) **formação de metano**, que envolve a conversão de compostos simples em metano CH_4 e CO .2

Os processos de fotossíntese produzem compostos orgânicos complexos; é sobre estes compostos que as bactérias actuam, na ausência de ar, para produzir biogás (metano ou gás borbulhante). O subproduto é um resíduo sólido que é o estrume de alta qualidade. No entanto, numa central de biogás, a biomassa, como os resíduos vegetais, os resíduos animais, os resíduos industriais das fábricas de transformação de alimentos e as ervas daninhas, sofre decomposição na ausência de oxigénio e forma uma mistura de gases. Esta mistura rica em nutrientes é o gás "gobar".

A tecnologia do biogás é efectuada através de um motor biológico conhecido como unidade de biogás. A unidade de biogás
mantém e ajuda a manter as condições para que o processo biológico natural se desenrole de forma óptima e produza os
resultados desejados. As unidades de biogás são compostas por um biorreactor, um recipiente de armazenamento de gás e pontos de abastecimento. Uma vez

iniciado o processo, este continua indefinidamente, desde que os resíduos sejam adicionados diariamente em condições óptimas à unidade de biogás e desde que a integridade seja mantida. O processo é inodoro com a produção diária de biogás, fertilizante e água mineralizada.

2.1 Matéria-prima para a produção de biogás

O tipo e a qualidade da matéria-prima aplicada determinarão invariavelmente a quantidade e a qualidade do biogás obtido. Algumas matérias-primas têm uma energia elevada, enquanto outras têm menos. Há uma variedade de matérias-primas ou resíduos disponíveis para a produção de biogás na Nigéria. Vários locais são estações de resíduos na Nigéria. Várias matérias-primas são abundantes no país e o biogás pode ser produzido a partir destes tipos de resíduos: excrementos humanos, lamas de depuração, excrementos de aves de capoeira, estrume animal, resíduos de cozinha (vegetais), resíduos da transformação do cacau, resíduos agrícolas, resíduos de fábricas de óleo vegetal, resíduos de fábricas de farinha, incluindo resíduos da transformação de alimentos, cervejeiras, resíduos de lavagem de fábricas de açúcar, etc. É de notar que a energia produzida pelos excrementos de aves de capoeira não pode ser equiparada à produzida pelos resíduos de fábricas de farinha. A composição da matéria-prima tem muito a ver com a quantidade de gás metano libertado e com as percentagens de sulfureto de hidrogénio, hidrogénio, amoníaco, dióxido de carbono e vestígios de gases.

Tabela 2.1 Biogás gerado a partir de diferentes resíduos

S/NO	**Tipo de resíduos**	**Quantidade de resíduos (tonelada métrica)**	**Temperatura (^{o} C)**	**Biogás produzido (m)^3**
1	Aves de capoeira	1	-	500
2	Excrementos humanos	1	-	4
3	Resíduos verdes	1	-	60
4	Esterco de vaca	0.0001	28	0.06

Fonte: Alli (2010)

Tabela 2.2: Composição do biogás de diferentes resíduos

Components	Household Waste	Waste Water Treatment Sludge	Agricultural Waste	Waste of Agri-Food Industrial
CH_4 % vol	50-60	60-75	60-75	68
CO_2 % vol	38-34	33-19	33-19	26
N_2 % vol	5-0	1-0	1-0	-
O_2 % vol	1-0	< 0,5	< 0,5	-
H_2O % vol	6 (à 40 ° C)	6 (à 40 ° C)	6 (à 40 ° C)	6 (à 40 ° C)
Total % vol	100	100	100	100
H_2S mg/m^3	100 - 900	1000 – 4000	3000 – 10 000	400
NH_3 mg/m^3	-	-	50 – 100	-
Aromatic mg/m^3	0 - 200	-	-	-
Organochlorinated or organofluorated mg/m^3	100-800	-	-	

Fonte: O Biogás, 2010

Algumas caraterísticas físicas do biogás são apresentadas no quadro 2.3. De acordo com a sua composição, o biogás apresenta caraterísticas interessantes para comparação com o gás natural e o propano. O biogás é um gás sensivelmente mais leve que o ar; produz duas vezes menos calorias por combustão com igual volume de gás natural.

Quadro 2.3: Biogás a partir de resíduos domésticos, resíduos agro-alimentares e gás natural

Types of gas	Biogas 1 Household waste	Biogas 2 Agric-Food Industry	Natural gas
Composition	60% CH_4 33 % CO_2 1% N_2 0% O_2 6% H_2O	68% CH_4 26 % CO_2 1% N_2 0% O_2 5 % H_2O	97,0% CH_4 2,2% C_2 0,3% C_3 0,1% C_4+ 0,4% N_2
PCS kWh/m^3	6,6	7,5	11,3
PCI kWh/m^3	6,0	6,8	10,3
Density	0,93	0,85	0,57
Mass (kg/m^3)	1,21	1,11	0,73
Indiex of Wobbe	6,9	8,1	14,9

Fonte: O Biogás, 2010

A quantidade de energia produzida é função do tipo de resíduos utilizados como matéria-prima. Verificou-se que o teor de gás metano varia consoante o material de alimentação e também durante um dia. Pode descer até 50 por cento. O valor calorífico do gás é de cerca de 5735 K Cal por m^3 . Se forem utilizados alimentos para gado no chorume, o gás metano produzido é de cerca de 55 a 60%, juntamente com 40-45% de dióxido de carbono e alguma quantidade de sulfureto de hidrogénio. Se forem utilizados excrementos humanos, a percentagem de gás metano pode ser de cerca de 65%.

A composição energética dos alimentos, em termos de hidratos de carbono, proteínas e outras matérias orgânicas complexas, é responsável pela quantidade e qualidade do biogás produzido. Prasad (2010) sugeriu que as matérias-primas aplicáveis incluem - todas as plantas terrestres e aquáticas, por exemplo, culturas, gramíneas e jacinto de água. Resíduos e subprodutos de plantas - resíduos agrícolas após a colheita e o processamento, que incluem resíduos vegetais, resíduos de indústrias de processamento de alimentos, papel, resíduos de cozinha, talos de culturas. Resíduos de quinta - resíduos de gado e resíduos humanos, incluindo aves de capoeira, suinicultura, carneiros, ovelhas, cabras, cortadores de relva, coelhos e resíduos de vacas, outros incluem cascas e folhas de mandioca, fibras de palmeira e restos que são normalmente queimados. Também estão incluídos os resíduos de matadouros. O metano produzido pela digestão anaeróbica de resíduos de matadouros tem várias aplicações finais. Sob a forma de biogás: pode ser utilizado a nível doméstico para cozinhar, aquecer e arrefecer, para gerar eletricidade e como biocombustível para transportes, fábricas de embalagem de carne e peixe, fábricas de transformação de fruta. Os resíduos podem exigir um pré-tratamento antes da sua utilização, de modo a garantir que os substratos pretendidos e adequados estejam no digestor e também para aumentar a produção de biogás. Três (3) toneladas de resíduos por dia produzirão pelo menos 30.000 litros/30m^3 de biogás diariamente. Isto tem um potencial de cozinhar uma refeição para 300 pessoas diariamente, o que equivale a 200 horas de iluminação a gás por dia e um valor calorífico de 207.000 kcal por dia. Ou seja, 10% de redução no consumo de gasóleo num gerador de 10KVA a funcionar durante 48 horas contínuas e 10% de redução no consumo de gasóleo num motor de 8Hp a funcionar durante 48 horas contínuas.

A questão mais importante quando se considera a aplicação de sistemas de digestão anaeróbia é a matéria-prima para o sistema. Os digestores aceitam material biodegradável para a produção de biogás. O nível de putrescibilidade é importante para o sucesso da produção de gás. Quanto mais putrescível for o material, maior será a produção de gás.

Outro fator é a composição do substrato. São utilizadas técnicas adequadas para determinar a composição da matéria-prima. No entanto, vale a pena mencionar que, na matéria-prima de co-digestão, os anaeróbios podem decompor materiais com diferentes graus de sucesso em hidrocarbonetos de cadeia curta, como o açúcar, enquanto a decomposição da celulose e das semiceluloses demora mais tempo. Os microrganismos anaeróbios não são capazes de decompor moléculas lenhosas de cadeia longa, como a lenhina. Os digestores anaeróbios foram originalmente concebidos para funcionar com lamas de depuração e estrume. No entanto, as águas residuais e o estrume não são os materiais com maior potencial para a digestão anaeróbia, uma vez que o animal já retirou a energia do material biodegradável. Por conseguinte, muitos digestores funcionam com co-digestão de dois ou mais tipos de matéria-prima para gerar energia.

2.1.1 Esterco de vaca

O estrume de vaca é constituído principalmente por carbono, hidrogénio, oxigénio e pequenas quantidades de azoto, que são em grande parte o produto das actividades digestivas de compostos orgânicos complexos que ocorreram durante a digestão no corpo do animal. A análise final do chorume de estrume de vaca dá 1,8-2,4% de azoto, 1,01,2% de fósforo, 0,6-1,2% de potássio e 50-75% de húmus orgânico. Acrescentou que o rácio de mistura de estrume de vaca fresco e água para fazer o chorume é de 1:1.

Desde tempos imemoriais, os benefícios do estrume de vaca têm sido explorados e testados, desde a sua utilização como fertilizante, medicamento, fonte de combustível e, agora, o mais importante, para obter biogás a partir dele. O biogás do estrume de vaca é imenso e está atualmente a ser explorado. Acrescentou ainda que um bom estrume de vaca teria as seguintes propriedades: baixo teor de carbono, volumoso, grande teor de cinzas, baixo rácio de combustão e grande teor de voláteis.

O estrume de vaca tem várias outras utilizações para além da produção de biogás. Estima-se que existam cerca de 1143 milhões de cabeças de gado no mundo, das quais 300 milhões se encontram na Índia. Para além da Índia, a Nigéria também tem um grande número de cabeças de gado suficiente para produzir estrume de vaca. Também em Oklahoma, nos Estados Unidos, o estrume de vaca dos ranchos pode produzir biogás com cerca de 23,4 milhões de metros cúbicos.

As pastas de estrume de vaca feitas pelas mulheres da aldeia são utilizadas como combustível para cozinhar quando a madeira é escassa. O estrume de vaca é seco e moldado numa pequena forma redonda e plana que é depois queimada para produzir calor.

O substrato utilizado no processo de metanogénese determinará os principais produtos da fermentação. Quando se utiliza estrume de gado (estrume de vaca), o gás resultante é constituído por 55-66% de CH_4, 40-45% de CO_2, e uma quantidade negligenciável de H_2S e H_2. Acrescentou ainda que o estrume de vaca tem uma eficiência térmica de 11% em comparação com a madeira e o biogás, que têm 60% e 17%, respetivamente.

O estrume de vaca é produzido em grandes quantidades, especialmente nos países que são grandes produtores de leite, como a Índia, a Austrália, os EUA, a China e outros. O estrume de vaca, que teria criado poluição ambiental, pode ser efetivamente utilizado para produzir biogás, que é uma excelente fonte de energia renovável. Este biogás pode ser utilizado para cozinhar e aquecer.

No gerador de biogás que utiliza estrume de vaca, excrementos de aves ou de suínos e excrementos humanos, a alimentação do gado é misturada com água para formar o chorume, que é enviado para a central de biogás. Aqui ocorre o processo de fermentação no chorume, a partir do qual é produzido o gás combustível que pode ser utilizado para várias aplicações de cozinha e aquecimento. Assim, o estrume de vaca utilizado nas centrais de biogás é totalmente utilizado sem deixar quaisquer resíduos; porque os restos são utilizados como fertilizante orgânico, ajudando assim de uma forma excelente a manter o ambiente limpo e a melhorar a produção agrícola.

O chorume é a mistura de estrume de gado e água, que são misturados na proporção de 1:1. No entanto, para a produção comercial de biogás na experiência da Índia, os resíduos de gado (estrume) são a principal fonte.

As diferentes variedades de vacas, nomeadamente a Holstein Frísia, a Jersey, a Simmental e a Fulani Branca, de onde se obtiveram os dejectos para a produção de biogás, são brevemente discutidas a seguir.

2.1.2 Vacas Holstein Frísia

Holstein Friesian é uma das vacas exóticas utilizadas nesta tese e Holstein é utilizado para descrever o gado norte-americano utilizado na Europa. Friesian designa animais de ascendência europeia tradicional. Os cruzamentos entre os dois são descritos pelo termo Holstein-Frísia. Além disso, Holstein, neste caso e, de facto, em todas as discussões futuras, refere-se a animais provenientes de linhagens norte-americanas, enquanto Friesian se refere a gado europeu autóctone preto e branco. A Holstein (também conhecida como Holstein-Frísia ou Frísia) é uma raça de vacas conhecida atualmente como o animal de maior produção leiteira do mundo. Originária da Europa, a raça Holstein foi criada no que é atualmente a Holanda e, mais especificamente, nas duas províncias do norte, Holanda do Norte e Frísia. Os animais eram o gado regional dos Batavianos e Frísios, duas tribos que se estabeleceram na região costeira do Reno há cerca de 2.000 anos.

Têm algumas caraterísticas físicas notáveis: são animais de grande porte, marcados a preto e branco, que podem ser maioritariamente pretos, maioritariamente brancos ou meio a meio. O seu tamanho varia; um vitelo saudável pesa 30 a 35 kg ou mais à nascença. Uma vaca Holstein adulta pesa normalmente 680 kg e tem 147 cm de altura à altura do ombro. As novilhas Holstein são criadas aos 15 meses de idade, quando pesam mais de 360 kg. Geralmente, o objetivo dos criadores é que as novilhas Holstein parem pela primeira vez entre os 23 e os 26 meses de idade. O período de gestação é de cerca de nove meses. A robustez do British Friesian e a sua adequação aos sistemas de pastoreio e forragem são bem conhecidas. A raça tem uma percentagem de gordura e de proteína mais elevada.

2.1.3 Vacas Jersey

As vacas Jersey são originárias da ilha de Jersey, uma pequena ilha britânica no Canal da Mancha, ao largo da costa de França. A Jersey é uma das raças leiteiras mais antigas, tendo sido registada pelas autoridades como sendo de raça pura há quase seis séculos.

A raça era conhecida em Inglaterra já em 1771 e era considerada muito favorável devido à sua produção de leite e de gordura butírica. Nessa altura, o gado da ilha de Jersey era geralmente designado por gado de Alderney, embora o gado desta ilha fosse mais tarde designado apenas por Jerseys. O gado Jersey foi trazido para os Estados Unidos na década de 1850.

Além disso, as vacas Jersey são consideradas como sendo de dois tipos, as Island e as American; atualmente, esta distinção não é comum. Relativamente ao seu tamanho, são geralmente profundas no corpo, cheias e profundas no barril. Não há animal leiteiro mais apelativo do que a vaca Jersey bem equilibrada e, apesar de ter normalmente uma disposição um pouco mais nervosa do que as outras vacas leiteiras, é geralmente dócil e bastante fácil de manejar. As vacas Jersey têm normalmente um peso extremo que varia entre 363 e 544 kg, mas as vacas de tamanho médio são geralmente preferidas.

Além disso, a cor dos Jerseys pode variar de um cinzento muito claro ou cor de rato a um fulvo muito escuro ou a uma tonalidade quase preta. Tanto os touros como as fêmeas são geralmente mais escuros nas ancas, na cabeça e nos ombros do que no corpo. As raças modernas de bovinos são uma boa fonte de estrume para a produção de biogás.

2.1.4 Vacas Simmental

O Simmental é uma raça de bovinos versátil, originária dos vales do rio Simme, no Oberland Bernês, na Suíça ocidental. Acrescentou que, entre as raças de gado mais antigas e mais amplamente distribuídas no mundo, e registada desde a Idade Média, a raça Simmental contribuiu para a criação de várias outras raças europeias famosas, incluindo a Montbeliarde (França), a Razzeta d'Oropa (Itália) e a Fleckvieh (Alemanha).

Em termos de cor, a coloração tradicional do Simmental foi descrita como "vermelho e branco malhado" ou "dourado e branco", embora não exista uma coloração padrão específica e a tonalidade dominante varie de um amarelo-dourado pálido até um vermelho muito escuro (este último é particularmente popular nos Estados Unidos). A cara é normalmente branca e esta caraterística é geralmente transmitida aos vitelos cruzados. A cara branca é geneticamente distinta da cabeça branca do Hereford.

2.1.5 Vacas brancas Fulani

O gado Fulani branco é uma raça de gado importante em toda a área conquistada pelo povo Fulani e mais além, na zona do Sahel em África. O gado Fulani branco pertence principalmente ao povo nómada Fulani, que ocupa a faixa entre o Sara e a floresta tropical, desde o oeste do rio Senegal até ao leste do lago Chade, incluindo partes do oeste do Senegal, o sul da Mauritânia, as planícies aluviais do Níger e do Chade, o norte da Nigéria (estados de Kano, Zaria, Borno e Bauchi) e os Camarões. São maioritariamente zebuínos, mas de origem bovina Sanga. Caracterizados por chifres altos em forma de lira, têm corcovas torácicas como o Zebu ou corcovas intermédias com as corcovas cérvico-torácicas do Sanga.

O gado é criado para ser vendido apenas quando necessário. A maioria dos Fulani não escolheria comer carne de vaca. No entanto, quando surge a necessidade, vendem um novilho para dar à família o dinheiro necessário. O leite e os produtos lácteos são muito apreciados - ainda mais do que a carne das vacas. Para o Fulani típico, o "kossam kecum", leite fresco, ou o "pendidum", leite coalhado, são iguarias deliciosas. Por isso, muitos Fulani vendem leite e seus derivados.

A estimativa da população de gado Fulani na Nigéria, nos Camarões e na República Centro-Africana é de cerca de 9.645.000. Os Fulani Brancos são a mais numerosa e difundida de todas as raças de gado da Nigéria, representando cerca de 37,2% da população bovina nacional; representam também 33% da população bovina nacional nos Camarões.

2.2 Principais operações de produção de biogás

1. O estrume e a água são misturados numa proporção de 1: 1, de modo a que as partículas inorgânicas sejam mantidas a um nível de 10%.

2. A taxa de alimentação de estrume é mantida em 3.500 kg/dia, embora possa variar consoante a dimensão do digestor.

Para além do estrume, a entrada pode incluir o seguinte:

(i) Reciclagem de 2% da lama fresca,

(ii)Utilização de excrementos humanos (3% do chorume fresco),

(iii) Utilização de resíduos de cozinhas e

(iv) Utilização de nitrato de cálcio e amoníaco (1% do chorume fresco).

A produção de biogás pode ser aumentada de 38,6 litros/kg de insumo (quando apenas o esterco é utilizado) para 59,6 litros/kg (quando o esterco é misturado com outros insumos). Estes outros factores de produção são úteis para o crescimento e multiplicação de bactérias, que ajudam na digestão anaeróbia.

CAPÍTULO 3

DIGESTÃO ANAERÓBIA E PROCESSOS QUÍMICOS

3.1 Digestão-3.2 Hidrólise-3.3 Acidez-3.4Metanização-3.5 Perda de bactérias e gás-3.6 Processo de metanização e química da fermentação-3.6.1 Bactérias formadoras de ácido-3.6.2- Bactérias gaseificadoras-3.7 Factores que afectam a produção de biogás-3.8 Efeito da Temperatura nos Substratos-Mesofílicos-Termofílicos-3.9 Taxas de Carregamento e Tempo de Retenção-3.10 O Efeito do pH no chorume-3.11 O Tamanho das Partículas dos Materiais Orgânicos-3.12 A Presença de Iões Metálicos na Biomassa-3.13 Concentração dos Substratos-3.13.1 Semeadura.

OBJECTIVOS E RESULTADOS DE APRENDIZAGEM

Os objectivos da presente secção são os seguintes

✓ *Examinar os processos químicos e a química da produção de biogás: hidrólise, metanização e digestão.*

✓ *Explicar a perda bacteriana na produção de gás e o papel das bactérias formadoras de ácido e das bactérias gaseificadoras.*

✓ *Fazer uma análise crítica dos factores que afectam a produção de biogás: temperatura, acidez, taxas de carga, pH, dimensões das partículas e iões metálicos.*

✓ *Explicar a concentração de substratos e as suas consequências para a produção de gás biológico.*

Estudantes de energia, engenheiros e tecnólogos aprenderão e acharão este livro muito útil para fornecer soluções e respostas a métodos e processos de produção de biogás.

Anaeróbio significa "que não necessita de oxigénio". Por conseguinte, a digestão anaeróbia significa simplesmente uma digestão que não necessita de oxigénio. Ou seja, a digestão na ausência de oxigénio. A digestão anaeróbia é um processo biológico controlado que pode reduzir substancialmente os impactos na qualidade do ar e da água dos estrumes de gado e aves que são geridos como líquido ou chorume. Ao contrário de processos comparáveis de estabilização de resíduos aeróbicos, as necessidades energéticas são mínimas. Uma pequena quantidade de "gás gobar" (gás borbulhante) produzido é necessária para operar um sistema de digestão anaeróbia e o restante é utilizado para gerar eletricidade.

A digestão anaeróbia de estrume de gado e de aves de capoeira foi impulsionada principalmente pela necessidade de substituir os combustíveis convencionais. Por exemplo, o interesse intensificou-se em França e na Alemanha durante e imediatamente após a Segunda Guerra Mundial, em resposta a perturbações no abastecimento de combustíveis convencionais. Seguiu-se uma renovação do interesse pela digestão anaeróbia de estrume de gado e de aves de capoeira em meados da década de 1970, estimulada principalmente pelo embargo petrolífero da OPEP de 1973 e pelos subsequentes aumentos de preços do petróleo bruto e de outros combustíveis. Em ambos os casos, este interesse diminuiu rapidamente, no entanto, devido a problemas técnicos e à medida que a oferta de combustíveis convencionais aumentou e os preços baixaram.

No início e em meados da década de 1990, verificou-se uma renovação do interesse pela digestão anaeróbia dos produtos da pecuária e das aves de capoeira. Quatro factores primordiais contribuíram para esta renovação do interesse: a necessidade de uma estratégia rentável para reduzir os odores relacionados com o estrume proveniente de instalações de armazenamento, incluindo lagoas anaeróbias e locais de aplicação no solo, a preocupação crescente com os impactos dos estrumes de gado e de aves de capoeira na qualidade da água, o reconhecimento de que muitos dos problemas técnicos encontrados na década de 1970 tinham sido resolvidos e o nível de preocupação com as alterações climáticas globais estava a intensificar-se e a importância das emissões de metano para a atmosfera estava a ser alvo de maior atenção.

3.1 Digestão

A digestão refere-se às várias reacções e interações que ocorrem entre os metanogénicos, os não-metanogénicos e os substratos que são introduzidos no digestor. A digestão é um processo físico-químico e biológico complexo que envolve diferentes factores e fases de mudança. Este processo de digestão (metanização), a decomposição de insumos que são materiais orgânicos complexos, é alcançado através de três fases, nomeadamente hidrólise, acidificação e metanização, conforme descrito abaixo.

3.2 Hidrólise

Os resíduos de origem vegetal e animal são constituídos principalmente por hidratos de carbono, lípidos, proteínas e materiais inorgânicos. As substâncias de grande complexidade molecular são solubilizadas em substâncias mais simples com a ajuda de enzimas extracelulares libertadas pelas bactérias. Esta fase é também conhecida como fase de decomposição dos polímeros. Por exemplo, a celulose, que consiste em glucose polimerizada, é decomposta em moléculas de açúcar diméricas e depois em moléculas de açúcar monoméricas (glucose) pelas bactérias celulolíticas.

3.3 Acidificação

O monómero, como a glucose, que é produzido na fase 1, é fermentado em condições anaeróbias em vários ácidos com a ajuda de enzimas produzidas pelas bactérias formadoras de ácido. Nesta fase, as bactérias acidificantes decompõem as moléculas de seis átomos de carbono (glucose) em moléculas com menos átomos de carbono (ácidos), que se encontram num estado mais reduzido do que a glucose. Os principais ácidos produzidos neste processo são o ácido acético, o ácido propiónico, o ácido butírico e o etanol.

3.4 Metanização

Os principais ácidos produzidos na Fase 2 são processados por bactérias metanogénicas para produzir metano. A reação que ocorre no processo de produção de metano chama-se metanização e é expressa pelas seguintes equações.

$$CH_3COOH \rightarrow CH_4 + CO_2$$

(Acetic acid) (Methane) (Carbon dioxide)

$$4CH_3CH_2OH + 2CO_2 \rightarrow 2CH_4 + 4CH_3COOH$$

(Ethanol) (Carbon dioxide) (Methane) (Acetic acid)

$CO_2 + 4H_2 \rightarrow CH_4 + 2H_2O$

(Carbon dioxide) (Hydrogen) (Methane) (Water)

As equações acima mostram que muitos produtos, subprodutos e produtos intermediários são produzidos no processo de digestão de insumos em condições anaeróbicas antes que o produto final (metano) seja produzido. Obviamente, existem muitos factores facilitadores e inibidores que desempenham o seu papel no processo.

Em resumo, existem quatro fases biológicas e químicas fundamentais da digestão anaeróbia: Hidrólise, Acidogénese, Acetogénese e Metanogénese.

No entanto, o chorume semeado com bactérias produz gás imediatamente após a alimentação. Para a alimentação sem sementes, o gás demora mais tempo a produzir-se. Em 1985, Fernado revelou as espécies e a função das bactérias que produzem gás, como se pode ver no quadro 2.6.

Tabela 3.1: Bactérias produtoras de metano e função

Species	**Function**
Methanobacterium	Corrects $H_2 + CO_2$ Formate to CH_4
Methanococcus	Corrects $H_2 + CO_2$ Formate to CH_4
Methanosacrcina	Corrects $H_2 + CO_2$ Methanol Acetate to CH_4
Methanospritum	Corrects $H_2 + CO_2$ Formate to CH_4

Fonte: Obigchigha, 2005

3.5 Perda de bactérias e gás

Há uma perda de bactérias durante a produção de biogás e, especialmente quando o gás não foi utilizado, o digestor expandiu-se excessivamente e grande parte do material do digestor foi expelido pela saída. O resultado foi que as bactérias activas e a matéria não digerida se perderam com o efluente e seguiu-se uma baixa produção de gás. A adição de estrume fresco do rúmen dos animais (do matadouro local) resolveu este problema. Além disso, quando muito efluente era perdido desta forma, o nível do chorume do digestor caía abaixo do nível do tubo de entrada e o gás era perdido através da entrada. A adição de água para compensar o efluente perdido resolveu este problema.

3.6 Processo de Metanogénese e Química da Fermentação

A metanogénese é a formação de metano por micróbios. A metanogénese ocorre noutras áreas onde o oxigénio está ausente, embora na ausência de matéria orgânica em decomposição, como a subsuperfície terrestre profunda, as fontes hidrotermais do mar profundo e os reservatórios de petróleo. A metanogénese é o passo final na decomposição da matéria orgânica.

Além disso, a metanogénese é o processo de produção de metano pela ação de anaeróbios obrigatórios que decompõem compostos de baixo peso molecular para produzir metano. Todo o processo ocorre principalmente em três fases.

Fase I : Hidrólise enzimática

Em primeiro lugar, as enzimas extracelulares dos micróbios, como a celulase, a protease, a amilase e a lipase, enzimolizam externamente a matéria orgânica e as bactérias decompõem os complexos carbondioxidos, lípidos e proteínas da biomassa celulósica em compostos mais simples.

Fase II: Conversão em ácido acético

Aqui, as bactérias produtoras de ácido convertem os compostos simplificados em ácido acético (CH_3 COOOH), hidrogénio (H_2) e dióxido de carbono (CO_2). Durante o processo de acidificação, as bactérias anaeróbias facultativas utilizam o oxigénio e o carbono, criando assim as condições favoráveis necessárias para a ocorrência do processo anaeróbio de metanogénese.

Fase III: Formação de metano

Nesta fase final, os anaeróbios obrigatórios envolvidos na produção de metano decompõem rapidamente os compostos de baixo peso molecular (CH_3 COOH, H_2 , CO_2), transformando-os em metano (CH_4) e CO .2

No entanto, nesta fase final da metanogénese, as moléculas orgânicas simples, incluindo os ácidos gordos de cadeia curta, juntamente com o CO_2 e o hidrogénio (H_2), são convertidas em biogás. As reacções químicas nas três fases podem ser resumidas da seguinte forma:

$N(C_6H_{10}O_5) + H_20$ Hydrolysis $n(C_6H_{12}O_6)$

$N(C_6H_{12}O_6) \rightarrow 3nCH_4 + 3nCO_2$

$2CO + 6H_2 \rightarrow 2CH_4 + 2H_2O$ (reduction)

Na combustão, o metano produz uma chama azul e uma grande quantidade de calor. A reação química para a combustão é

$CH_4 + 2O_2 \rightarrow CO_2 + 2H_2O$

$\Delta Hi = 212K_{cal}$ (exothermic)

Ele descreveu a ação da bactéria da seguinte forma:

3.6.1 Bactérias formadoras de ácido:

As bactérias formadoras de ácido são formadas devido à liquefação da ração para gado. Quando a ração para gado é misturada com água, ocorre a sua liquefação. As bactérias formadoras de ácido são um conjunto de bactérias saprófitas que são produzidas pelo processo de enzima bacteriana extracelular. Estas bactérias podem existir, desenvolver-se

e multiplicam-se numa grande variedade de condições. As bactérias formadoras de ácido convertem os hidratos de carbono, as proteínas e as gorduras em ácidos voláteis e libertam dióxido de carbono.

3.6.2 Bactérias gaseificadoras:

Após o processo de liquefação, o processo seguinte é o da gaseificação, que é realizado pelas bactérias gaseificadoras ou metanotróficas. Estas bactérias actuam sobre os ácidos produzidos na fase anterior com a ajuda de uma enzima bacteriana intracelular e convertem-nos em metano e dióxido de carbono.

A metanogénese é uma forma de respiração anaeróbia. Os metanogénios não utilizam oxigénio para respirar.

De facto, o oxigénio é um veneno mortal para os metanogénios, e mata todos os metanogénios em concentrações muito pequenas. O aceitador terminal de electrões na metanogénese não é o oxigénio, mas sim o carbono. O carbono pode estar presente num pequeno número de compostos orgânicos, todos com baixo peso molecular. As duas vias mais bem descritas envolvem a utilização de dióxido de carbono e ácido acético como aceptores terminais de electrões:

$CO_2 + 4 H_2 \Rightarrow CH_4 + 2H_2O$

$CH_3COOH \Rightarrow CH_4 + CO_2$

No entanto, a metanogénese foi estabelecida para utilizar o carbono de outros pequenos compostos orgânicos, como o ácido fórmico e o metanol. Os metanogénios não podem existir na presença de oxigénio, pelo que só são encontrados em ambientes em que o oxigénio foi esgotado.

3.7 Factores que afectam a produção de biogás

A quantidade de gás e a qualidade do biogás gerado pela unidade de biogás dependem em grande medida de uma série de factores. São eles:

1. Temperatura do substrato,
2. Taxa de carregamento da lama,
3. Concentração do estrume do gado,
4. Período de retenção, valor do pH da lama,
5. Concentração dos substratos,
6. A presença de iões metálicos na biomassa presente, etc.

3.8 O efeito da temperatura nos substratos

Os metanogénios são inactivos em temperaturas extremamente altas e baixas. A temperatura óptima é de 35^0 C. Quando a temperatura ambiente desce até 10^0 C, a produção de gás praticamente pára. A produção satisfatória de gás ocorre na faixa mesofílica, ou seja, entre 25^0 C e 30^0 C. O isolamento adequado do digestor ajuda a aumentar a produção de gás na estação fria. Quando a temperatura ambiente é de 30^0 C ou menos, a temperatura média dentro da cúpula permanece cerca de 4^0 C acima da temperatura ambiente.

A temperatura é um fator crítico na consideração da produção de biogás. A gaseificação é maximizada a cerca de 35^0 C, e abaixo desta temperatura, o processo de digestão é abrandado, até que pouco gás é produzido a 15^0 C ou menos. Por conseguinte, em áreas com alterações de temperatura, como regiões montanhosas ou situações de inverno, são considerados factores atenuantes, como o aumento do isolamento ou a adição de aquecedores solares para manter as temperaturas.

Os efeitos da temperatura determinam praticamente o resultado de qualquer reação química. Neste projeto, será utilizada uma temperatura de 25^0 C a 30^0 C, de modo a obter um resultado ótimo.

As duas temperaturas operacionais convencionais para digestores anaeróbios são:

Mesofílica: que ocorre de forma óptima entre 37-41^0 C ou a temperaturas ambiente entre 20-45^0 C, em que os mesófilos são os principais microrganismos presentes.

Termófila: que ocorre de forma óptima entre 50-52^0 C a temperaturas elevadas até 70^0 C, onde os termófilos são os principais microrganismos presentes.

3.9 A taxa de carregamento e o tempo de retenção

No modelo de planta da Khadi and Village Industries Commission (KIVC) para a produção de biogás, a retenção varia entre 30-35 dias, dependendo das condições climáticas prevalecentes. A taxa de produção de gás será elevada durante as primeiras quatro semanas, antes de diminuir. Verifica-se que o período de retenção diminui se as temperaturas forem aumentadas ou se forem adicionados mais nutrientes ao digestor. No entanto, os excrementos humanos, devido ao seu elevado teor de nutrientes, não necessitam de mais de 30 dias de retenção nas unidades de biogás.

A taxa de carga é a quantidade de matérias-primas alimentadas por unidade de volume de capacidade do digestor por dia. Nas condições nepalesas, recomenda-se cerca de 6 kg de estrume por m^3 de volume do digestor, no caso de uma unidade de esterco de vaca. Se a planta for alimentada em excesso, os ácidos acumular-se-ão e a produção de metano será inibida. Do mesmo modo, se a planta for sub-alimentada, a produção de gás também será baixa.

O tempo de retenção é o período médio em que uma determinada quantidade de matéria-prima ou insumo permanece no digestor para ser ativado pelos metanogénios. Numa unidade de produção de estrume de vaca, o tempo de retenção é calculado dividindo o volume total do digestor pelo volume de insumos adicionados diariamente. Considerando as condições climáticas do Nepal, parece desejável um tempo de retenção de 50 a 60 dias. Assim, um digestor deve ter um volume de 50 a 60 vezes o volume de chorume adicionado diariamente. Mas para um digestor de biogás noturno, é necessário um tempo de retenção mais longo (70-80 dias) para que os agentes patogénicos presentes nas fezes humanas sejam destruídos. O tempo de retenção também depende da temperatura. Quanto mais elevada for a temperatura, menor será o tempo de retenção.

Tempo de retenção = (Volume total do digestor)/ (Volume de insumos adicionados)

$$t_r = V_d/V_f$$

onde,

t_r = Tempo de retenção em dias ou horas

V_d = Volume do digestor em litros

V_f = Volume de alimentação diária em litros/dia ou horas

Além disso, é de notar que o biogás produzido e o chorume se encontram num único compartimento, ou seja, numa única câmara, e presume-se que na maior parte da área e durante a maior parte do tempo se obtém um ambiente alcalino, pelo que a atividade ácida é limitada perto da entrada do estrume de vaca ou do chorume. Sempre que se adiciona chorume fresco, dá-se um choque no ambiente alcalino. Por isso, é importante regular cuidadosamente a frequência do carregamento (até uma vez por dia) e também controlar a dose, a proporção da mistura e a taxa de carregamento. A dose é mantida entre 2 e 3 por cento do volume total de chorume no digestor para que o ambiente alcalino não seja perturbado e prevaleça um estado de desequilíbrio para a atividade da fase metanogénica.

Se o equilíbrio for perturbado no digestor, surge um problema de formação de espuma no digestor. Isto pode dever-se à presença de inibidores na alimentação (como amoníaco, antibióticos, etc.). Pode obter-se um excesso de amoníaco se for adicionado estrume de suíno e os antibióticos podem provir do estrume de animais doentes em tratamento.

3.10 O efeito do pH na lama

Verifica-se que a produção de biogás diminui com o aumento da acidez e pode resultar da sobrecarga da planta, que pode estimular mais acidófilos, em detrimento dos micróbios mais produtores de metano. Um melhor teor de nutrientes aumentará o processo de digestão e pode ser manipulado pela adição de urina animal (especialmente humana masculina), enquanto substâncias tóxicas, como metais pesados, podem inibir a produção de gás.

A produção óptima de biogás é alcançada quando o valor do pH da mistura de entrada no digestor se situa entre 6 e 7. O pH num digestor de biogás é também uma função do tempo de retenção. No período inicial da fermentação, à medida que grandes quantidades de ácidos orgânicos são produzidas por bactérias formadoras de ácido, o pH no interior do digestor pode diminuir para menos de 5. Isto inibe ou mesmo pára o processo de digestão ou fermentação. As bactérias metanogénicas são muito sensíveis ao pH e não se desenvolvem abaixo de um valor de 6,5. Mais tarde, à medida que o processo de digestão continua, a concentração de NH_4 aumenta devido à digestão do azoto, o que pode aumentar o valor do pH para mais de 8. Quando o nível de produção de metano está estabilizado, a gama de pH permanece tamponada entre 7 e 8,2.

O valor do pH pode afetar negativamente a produção de gás. O grupo de bactérias responsável pela produção de biogás tem um desempenho relativamente lento e apresenta um desempenho ótimo, ou seja, a quantidade de produção de gás metano, quando a temperatura prevalecente é de cerca de 30°C e o ambiente é alcalino (pH entre 7,2 e 7,4). Se houver uma subida ou descida de temperatura superior a 10°C em relação ao valor ótimo acima indicado, as bactérias deixam de funcionar e a produção de gás metano pára completamente.

3.11 O tamanho das partículas de material orgânico

A compreensão clara do processo de metanogénese permite a manipulação de todo o processo, conduzindo a uma produção máxima de gás. A produção de biogás aumenta quando o tamanho das partículas de material orgânico é pequeno.

No entanto, o pré-tratamento do material, como a trituração para reduzir o tamanho para menos de 1 mm, melhoraria o desempenho do sistema e reduziria o tamanho do digestor necessário. Nesta investigação, o jacinto de água foi triturado numa tentativa de conseguir um processo de digestão mais rápido.

Além disso, quando os materiais sólidos presentes na matéria-prima não são devidamente triturados nos digestores, a produção de gás pode ser impedida pela formação de escória, que é composta por estes sólidos de baixa densidade que estão enredados numa matriz filamentosa. Quando a espuma endurece, perturba o processo de digestão e provoca estratificação. A mistura periódica ajudou a eliminar esta situação inibidora durante esta investigação.

3.12 A presença de iões metálicos na biomassa

A produção de biogás pode ser reforçada pela presença de iões metálicos na biomassa. A espécie principalmente investigada foi o jacinto de água *(Eichornia crassipes Solms),* que floresce em massas de água eutróficas. No entanto, o jacinto de água tem sido considerado uma praga ambiental, porque a planta cresce em alta densidade, o que praticamente leva ao entupimento.

O jacinto de água concentra níquel de ambientes eutróficos, até 0,27 kg/dia, que, quando misturado com excrementos de bovinos até 25 partes por milhão (ppm), melhorou a produção de biogás em até 40%. Assim, a utilização de E. crassipes na geração de biogás, melhora a produção de biogás e contribui realmente para a gestão ambiental, através do controlo de pragas.

No entanto, é necessário controlar a toxicidade para aumentar a produção de gás. Os iões minerais, os metais pesados e os detergentes são alguns dos materiais tóxicos que inibem o crescimento normal dos agentes patogénicos no digestor. Uma pequena quantidade de iões minerais (por exemplo, sódio, potássio, cálcio, magnésio, amónio e enxofre) também estimula o crescimento das bactérias, enquanto uma concentração muito elevada destes iões terá um efeito tóxico. Por exemplo, a presença de NH4 de 50 a 200 mg/l estimula o crescimento de micróbios, enquanto que a sua concentração acima de 1.500 mg/l produz toxicidade. Do mesmo modo, os metais pesados, como o cobre, o níquel, o crómio, o zinco, o chumbo, etc., em pequenas quantidades, são essenciais para a produção de gás.

3.13 Concentração dos substratos

A concentração dos substratos é muito importante para a produção de biogás e, quando se fermentou uma série de materiais orgânicos, desde macroalgas marinhas a vegetais, verificou-se que os hidratos de carbono e as proteínas são os principais componentes utilizados durante a metanogénese.

A composição da matéria orgânica utilizada como substrato e a sua origem contribuirão, sem dúvida, para o resultado do processo de metanogénese e para a quantidade de biogás obtida.

A produção de biogás é ineficiente se os materiais de fermentação forem demasiado diluídos ou demasiado concentrados, o que resulta numa baixa produção de biogás e numa atividade de fermentação insuficiente, respetivamente. A experiência tem demonstrado que o rácio matéria-prima (resíduos domésticos e de aves de capoeira e estrume) em relação à água deve ser de 1:1, ou seja, 100 kg de excrementos para 100 kg de água. No chorume, isto corresponde a uma concentração total de sólidos de 8 - 11 por cento em peso.

3.13.1 Semeadura

A sementeira é uma prática comum que envolve uma população adequada tanto de bactérias formadoras de ácido como de bactérias metanogénicas. As lamas de digestão ativa de uma estação de tratamento de águas residuais constituem o material de "sementeira" ideal. Como orientação geral, o material de sementeira deve ser o dobro do volume do chorume de estrume fresco durante a fase de arranque, com uma diminuição gradual da quantidade adicionada ao longo de um período de três semanas. Se o digestor acumular ácidos voláteis em resultado de uma sobrecarga, a situação pode ser remediada através de uma nova sementeira ou da adição de cal ou de outros álcalis.

CAPÍTULO 4

COMPONENTES E CONSTRUÇÕES DE UM DIGESTOR DE BIOGÁS

4.0 Fundação-Digestor-Domicílio-entrada-saída-Misturador-Gasoduto-4.1 Tipos de unidades de biogás e área de aplicação-Iluminação-Cozinhar-Geração de energia-4.2 Unidade de biogás utilizada para a fermentação de quatro tipos de dejectos de vaca-4.3 Vantagens de uma unidade de biogás-4.4 Precauções numa unidade de biogás-4.5 Evolução e tecnologia do biogás no Terceiro Mundo-4.6 Potencial de biogás da Nigéria-4.7 Biogás em África-4.8 Constrangimentos na produção de biogás.

OBJECTIVOS E RESULTADOS DE APRENDIZAGEM

Os objectivos da presente secção são os seguintes

✓ *Analisar os vários componentes de uma unidade de biogás: Fundação, forma do digestor, peças de entrada e de saída.*

✓ *Explicar os tipos de instalações de biogás e os seus domínios de aplicação.*

✓ *Revelar a utilidade do biogás para iluminação, cozinha e produção de eletricidade.*

✓ *Mostrar a unidade de biogás utilizada para a fermentação das quatro (4) variedades de estrume de vaca.*

✓ *Explicar as vantagens de uma central de biogás e as precauções a tomar numa central de biogás.*

✓ *Avaliar a tecnologia de desenvolvimento do biogás nos países em desenvolvimento, incluindo a Nigéria.*

✓ *Examinar a produção de biogás em África e os constrangimentos na produção do mesmo.*

Estudantes de engenharia, engenheiros, licenciados em opções energéticas e tecnólogos poderão aprender e aceder a informação e material sobre biogás nesta secção.

O gerador de biogás ou a unidade de biogás é a unidade onde o biogás é produzido a partir de resíduos de biomassa, como o estrume de vaca. Um gerador de biogás ou uma central de biogás típica utiliza estrume de vaca para a produção de biogás; o estrume de vaca é produzido em grandes quantidades, especialmente nos países que são grandes produtores de leite, como a Índia, a Austrália, os EUA, a China e outros. Os resíduos de vaca, que teriam criado poluição ambiental, podem ser efetivamente utilizados para produzir biogás, que é uma excelente fonte de energia renovável.

O gerador de biogás ou a central de biogás utiliza o processo de digestão para a produção de biogás. A digestão é o processo biológico que ocorre na ausência de oxigénio, mas na presença de organismos anaeróbicos à pressão atmosférica e a uma temperatura de cerca de 35-70 graus Celsius. A parte principal desta central de biogás é o digestor onde ocorre o processo de digestão.

O componente de biogás é composto por cinco partes: a entrada, a câmara de fermentação, o saco ou tanque de armazenamento de gás, a saída e o tubo de saída através do qual o gás é removido. A matéria orgânica, como o estrume (humano ou animal), a lentilha d'água ou a palha de arroz, é introduzida na câmara de fermentação (através da entrada). O processo de fermentação anaeróbica terá lugar aqui para gerar gás biológico (biogás). Também produzirá um substrato rico em nutrientes que pode ser usado como fertilizante orgânico ou ração para peixes.

As partes do gerador de biogás ou da central de biogás e os vários componentes de uma central de biogás são:

Fundação: As unidades de biogás são construídas à superfície da terra, no subsolo, e é na fundação que assenta toda a unidade de biogás. A fundação constitui a base do digestor onde ocorrem os processos mais importantes da unidade de biogás. A base da fundação do digestor é constituída por betão de cimento e lastro de tijolo para aumentar a resistência do desempenho. A construção é efectuada de forma a poder proporcionar uma base estável para as paredes do digestor e a poder suportar a carga total de chorume que aí se encontra. A fundação deve ser à prova de água para que não haja percolação e fuga de água.

Digestor: O digestor ou tanque de fermentação é a parte mais importante da unidade de biogás, onde ocorrem todos os processos químicos ou a fermentação do estrume de vaca e a produção de biogás. O digestor da central de biogás de estrume de vaca é construído no subsolo sobre a fundação. Tem uma forma cilíndrica ou qualquer outra forma que o projetista considere adequada, constituída por tijolos, areia e cimento. Um digestor bem gerido pode produzir 200-400m^3 de biogás com um teor de metano de 50% a 75% por cada tonelada seca de entrada.

Cúpula: A parte superior hemisférica do digestor é denominada cúpula. A cúpula tem uma altura fixa, onde é recolhido todo o gás gerado no digestor. O gás recolhido na cúpula exerce pressão sobre o chorume no digestor.

Tubo de entrada: O estrume de vaca é fornecido ao digestor da unidade de biogás através da câmara de entrada, que é feita ao nível do solo para que o estrume de vaca possa ser despejado facilmente. Tem a forma de uma boca de sino e é feita de tijolos, cimento e areia. A parede de saída da câmara de entrada é inclinada para que o estrume de vaca flua facilmente para o digestor.

Tubo de saída: Através da câmara de saída, o chorume digerido, a partir do qual foi gerado o biogás, é removido da unidade de biogás. A câmara de saída tem normalmente alguns degraus para que uma pessoa possa entrar na fossa e limpá-la. A abertura da câmara de saída também se encontra ao nível do solo. O chorume da câmara de saída flui para a fossa feita especialmente para este fim.

Misturador: É a primeira parte do gerador de biogás, onde a água e o estrume de vaca são misturados na proporção de 1:1 para formar o chorume que é introduzido na câmara de entrada.

Tubagem de gás e válvula: O tubo de saída de gás está localizado no topo da cúpula, onde é recolhido o biogás produzido no digestor. O caudal de gás que sai da cúpula através do tubo de gás pode ser controlado por uma válvula. O gás retirado do tubo pode ser transferido para o ponto de utilização.

Uma unidade de biogás eficaz e de boa qualidade terá as seguintes caraterísticas e, além disso, a unidade deve otimizar as quatro funções seguintes:

1. Taxa de produção de gás

2. Concentração de gás metano no biogás produzido

3. A estabilidade do processo de biogás

4. Menor custo global de produção de biogás

Além disso, para uma produção óptima de biogás, nunca é demais salientar a importância de uma boa construção. A unidade de biogás pode ser construída observando e assegurando a existência de alguns critérios básicos:

- A quantidade de material residual disponível para o processamento do gás é um fator muito importante no desenvolvimento da unidade de biogás.

- A quantidade de gás necessária para uma utilização especial determinará a natureza e o tipo da instalação.

4.1 Tipos de unidades de biogás e área de aplicação

Os tipos mais comuns de instalações de biogás são os seguintes:

1. Instalação de tambor flutuante com um digestor cilíndrico (modelo KVIC)

2. Central de cúpula fixa com uma cúpula moldada e reforçada com tijolos (modelo Janata)

3. Instalação de tambor flutuante com digestor hemisférico (modelo Pragati)

4. Instalação de cúpula fixa com um digestor hemisférico (modelo Deenbandhu)

5. Planta de tambor flutuante em aço angular e folha de plástico (modelo Ganesh)

6. Central de tambor flutuante constituída por unidades compostas pré-fabricadas de betão armado

7. Planta de tambor flutuante em poliéster reforçado com fibra de vidro.

O Instituto Nacional da Escola Aberta, ao debater o tema do técnico de energia do biogás, argumentou que as instalações de biogás incluem o seguinte Central de biogás de tipo tambor flutuante KVIC, central de biogás Janata (central de biogás de tipo cúpula fixa), central de biogás Deenbandhu - central de biogás de tipo cúpula fixa

A seleção da dimensão depende da disponibilidade total de material biodegradável e do consumo de biogás. Além disso, a quantidade de biogás produzido dependerá da seleção do tipo de unidade de biogás, da seleção do local e da construção da unidade de biogás. O material biodegradável é obtido a partir da latrina diretamente ligada ao biodigestor ou ao tanque de biogás, o Pig Pen fornece os resíduos para a digestão da unidade de biogás.

As opções de unidades de biogás disponíveis para seleção incluíam: o sistema de tambor flutuante (bastante comum no vizinho Quénia), o sistema de cúpula fixa (não comum no Quénia) e o biodigestor tubular de plástico (TPB).

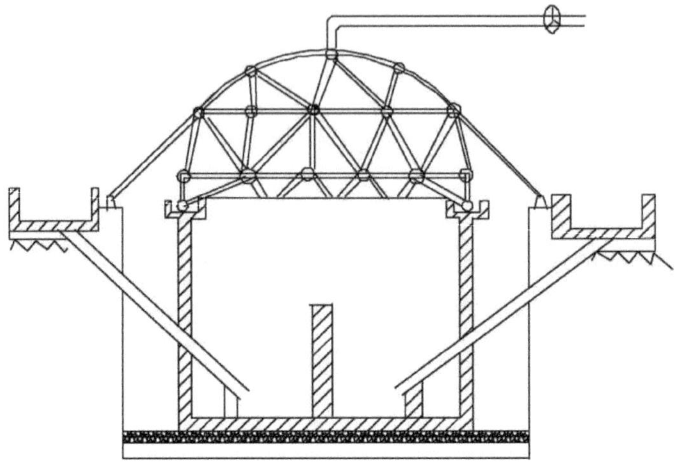

Fonte: www.Biogasplants.com.

Figura 4. 1 Digestor de biogás típico - com um filtro de alta densidade

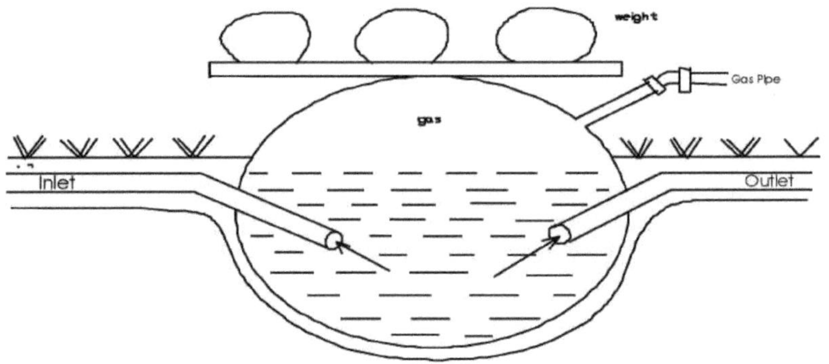

Fonte: www.Biogasplants.com.

Figura 4.2 Esquema de uma unidade de biogás (Tamanho: 714 x 452, Tipo: 8k)

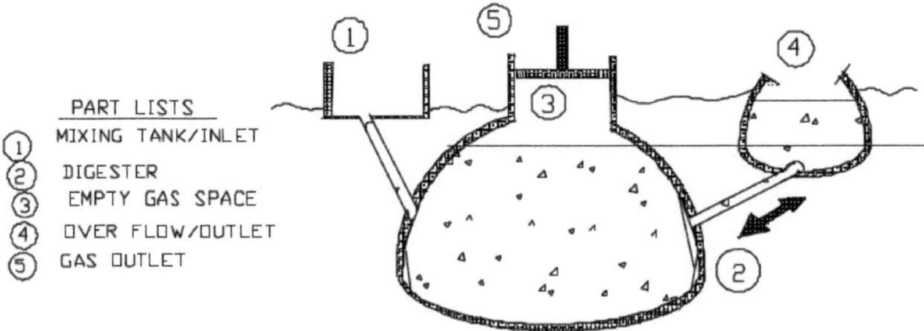

Fonte: www.Biogasplants.com.

Figura 4.3 Digestor de biogás típico - Função básica de uma cúpula fixa (Tamanho: 600 x 544, Tipo: 27k)

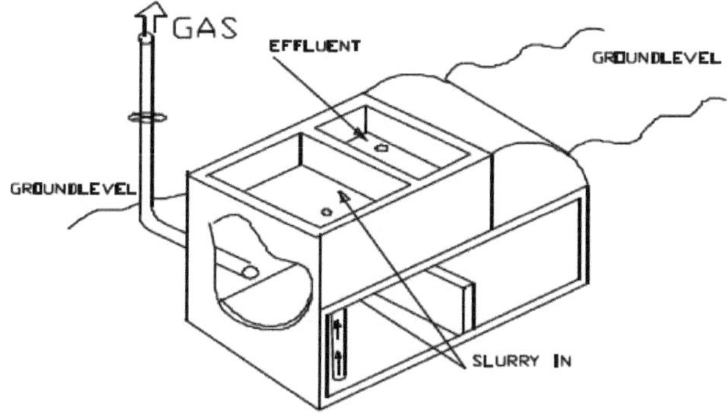

Fonte: www.Biogasplants.com.

Figura 4.4 Projeto de uma unidade de biogás chinesa (Dimensão: 593 x 530, Tipo: 10k)

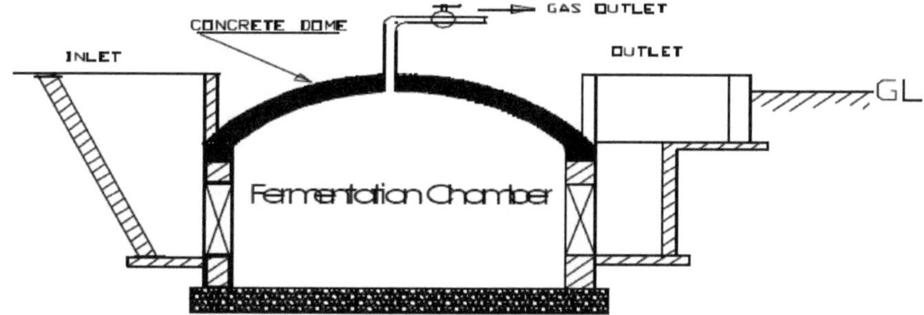

Fonte: www.Biogasplants.com.

Figura 4.5 Instalação típica de biogás - cúpula fixa

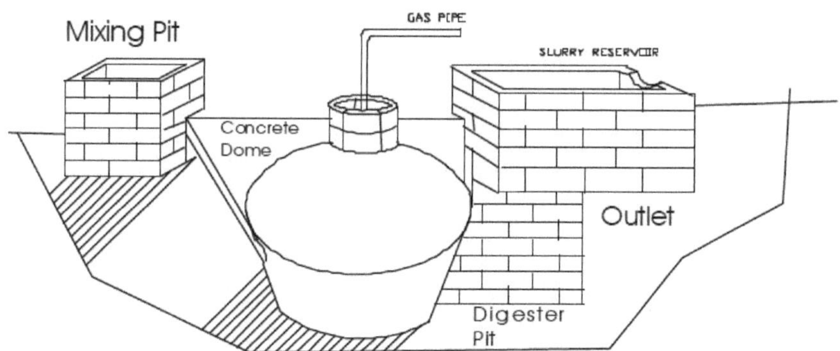

Fonte: www.Biogasplants.com.

Figura 4.6 Digestor de biogás de cúpula fixa, utilizado no Nepal

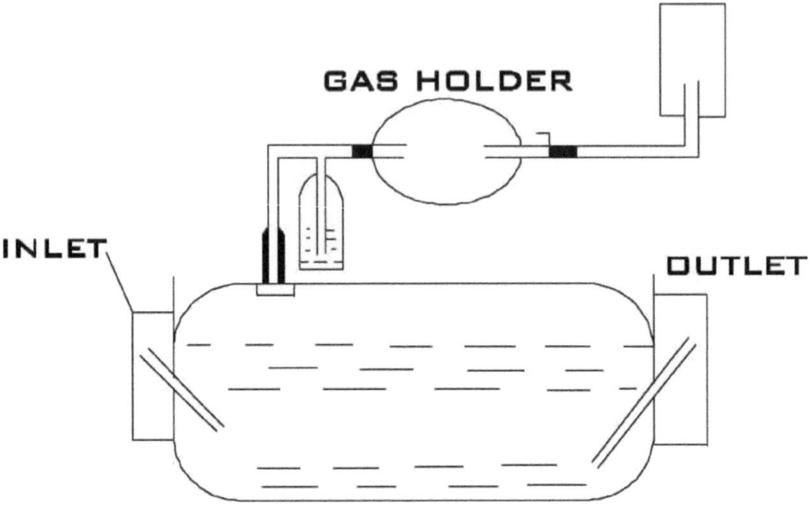

Fonte: www.Biogasplants.com.

Figura 4.7 Digestor de biogás, utilizado na Índia

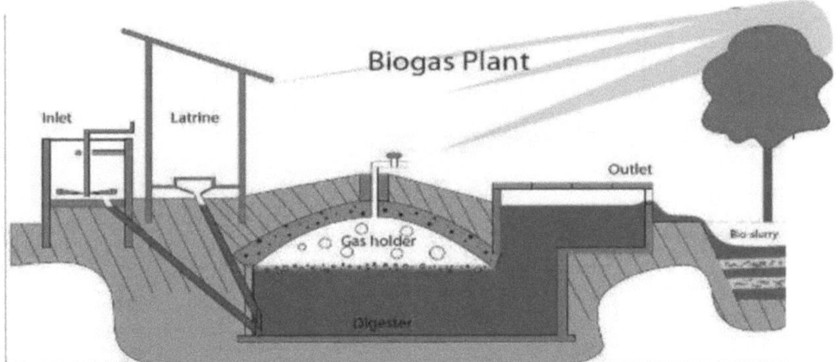

Fonte: *www.Biogas plants.com.*

Figura 4.8 Instalação típica de produção de biogas

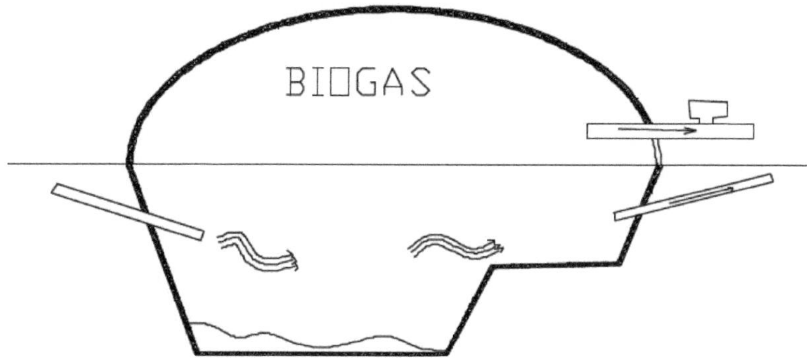

Fonte: www.Biogasplants.com.

Figura 4.9 Uma central de biogás de tipo cúpula fixa

A produção de biogás é aplicada em vários domínios importantes para benefício da vida doméstica e industrial, incluindo os seguintes:

Cozinhar: Uma das utilizações mais comuns do biogás é para cozinhar num queimador especialmente concebido para o efeito. Uma central de biogás com uma capacidade de 2 m^3 é suficiente para fornecer combustível para cozinhar a uma família de quatro a cinco pessoas.

Iluminação: Outra utilização do biogás é a iluminação de candeeiros a gás. O biogás necessário para alimentar uma lâmpada de 100 velas (60 W) é de 0,13 m^3 por hora.

Produção de eletricidade: Este gás é também utilizado para fazer funcionar um motor bicombustível.

4.2 Instalação de biogás utilizada para a fermentação de quatro tipos de estrume de vaca

Para efeitos desta investigação, foi concebida e construída uma unidade de biogás para fermentar o estrume de vaca (CD) recolhido. O diagrama do projeto é apresentado a seguir.

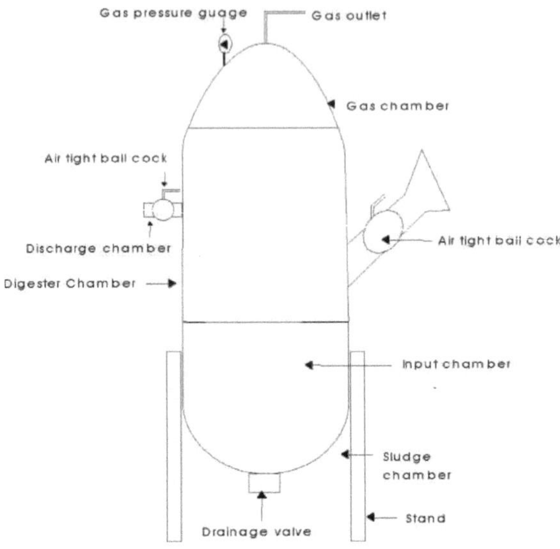

Fonte: Godi & Kamtu, 2011

Figura 4.10 Instalação de biogás projectada e construída para fermentação de estrume de vaca
Parâmetros utilizados no projeto

Retenção hidráulica = 11-12 dias

Temperatura (comum em Yola, Nigéria) = 19 - 42 C°

Volume do digestor = 1,8 m^3

Diâmetro = 1,59 m

Altura do digestor, H = 0,6 m

Raio da câmara de gás, R = 1,20ms

4.3 Benefícios de uma unidade de biogás

O biogás tem o potencial de provocar um curto-circuito na "transição energética" da biomassa para os combustíveis "modernos".

Para além dos benefícios diretos dos sistemas de biogás, existem outros benefícios menos tangíveis:

- O biogás é útil como fonte de combustível que substitui a lenha, o estrume de vaca, a gasolina, o gasóleo, os resíduos agrícolas e a eletricidade, fornecendo assim energia para cozinhar e iluminar.

- O biogás fornece resíduos orgânicos, após o processo de digestão anaeróbica, que têm um elevado teor de nutrientes acima do fertilizante orgânico habitual, o estrume do gado, uma vez que se encontra sob a forma de amoníaco.

- A digestão anaeróbia (D.A.) como sistema de eliminação de resíduos, especialmente de resíduos humanos, evitando assim o risco potencial de contaminação ambiental e de propagação de agentes patogénicos.

- O biogás pode proporcionar aos utilizadores a oportunidade de obterem rendimentos. As indústrias de pequena escala podem efetivamente vender o gás excedente para fornecer energia a uma comunidade rural. Além disso, o biogás pode ser um meio útil de emprego num ambiente urbano.

O biogás numa sociedade agrária pode melhorar a produtividade agrícola. Todos os resíduos agrícolas e o estrume de vaca gerados na comunidade estão disponíveis para a digestão anaeróbia. Além disso, o chorume que resta após a metanogénese é superior em termos de teor de nutrientes.

- O gás pode alimentar motores, numa mistura de combustível duplo com gasolina e gasóleo, e ajudar a bombear o sistema de água de irrigação.

- Uma fonte de energia sem partículas e absolutamente limpa reduz a possibilidade de doenças crónicas que são atribuídas à combustão em interiores de combustíveis à base de biomassa, tais como infecções respiratórias, doenças dos pulmões, como bronquite, asma, cancro do pulmão e aumento da gravidade da doença das artérias coronárias.

- Os benefícios podem também ser aumentados, tendo em conta o impacto no ambiente. Isto é, reduzindo significativamente as emissões associadas à combustão de biocombustíveis, como o dióxido de enxofre (SO_2), o dióxido de azoto (NO_2), o dióxido de carbono (CO_2), o total de todas as partículas em suspensão (TSP's) e os hidrocarbonetos poliaromáticos (PAH's).

- Uma central de biogás de 25 litros de capacidade, alimentada com resíduos do mercado, constitui uma opção viável para a eliminação de resíduos sólidos em zonas de urbanização rápida.

- Os sistemas de biogás oferecem um sistema integrado que se presta a um ambiente rural; as instalações podem ser mantidas com uma variedade de resíduos orgânicos, desde dejectos humanos, dejectos animais, colheitas e resíduos alimentares domésticos.

- Outros benefícios incluem: uma fonte de energia renovável e não poluente é criada nas centrais de biogás, é uma excelente forma de conversão de energia, e as centrais de biogás produzem estrume orgânico enriquecido, o biogás proporciona uma melhoria no ambiente, no saneamento e na higiene, as centrais de biogás proporcionam uma fonte de produção descentralizada de energia e, o mais importante de tudo, essas centrais proporcionam a criação de emprego na zona rural.

No entanto, existem muitas vantagens do biogás em relação à madeira como combustível para cozinhar. Estas incluem:

- Menos trabalho do que o abate de árvores

- As árvores podem ser conservadas

- O biogás é um combustível rápido e fácil de controlar

- Sem fumo ou cheiro (a não ser que haja uma fuga - nesse caso, é preciso saber!), pelo que a irritação ocular/respiratória é reduzida

- Limpar panelas

- As lamas são um fertilizante melhor do que o estrume ou os fertilizantes sintéticos (e são mais baratas do que os produtos manufacturados)

- Redução da transmissão de agentes patogénicos em comparação com resíduos não tratados

Os benefícios da bioenergia são tão numerosos que não podem ser mencionados e não podem ser demasiado enfatizados nesta investigação.

4.4 Precauções numa unidade de biogás

As precauções são absolutamente importantes quando se opera uma central de biogás, incluindo as seguintes:

- A instalação deve ser testada para garantir a sua estanquidade à água e ao gás. Isto é para garantir operações seguras e uma produção máxima de gás.

- Deve ser adicionado material fresco em quantidade suficiente antes de ser utilizado todos os dias.

- Deve existir uma fonte de água que forneça água suficiente para limpar regularmente os currais dos animais e para fornecer material fresco para o sistema de câmaras de fermentação. (Cada litro de estrume necessita de 1 a 3 litros de água).

- A instalação deve estar equipada com uma válvula de segurança ou um barómetro em forma de U.

- Produtos químicos, tais como detergentes ou pesticidas, não devem ser colocados na câmara de fermentação. Isto deve-se ao facto de os produtos químicos poderem impedir os processos de metanogénese.

- Depois de se ter adicionado estrume fresco e água à câmara de fermentação, a válvula deve ser aberta para que o gás possa sair. Nesta fase, o gás é principalmente dióxido de carbono. Este procedimento deve ser efectuado uma ou duas vezes, antes de a unidade de biogás ser utilizada para a produção de biogás. Se isto não for feito adequadamente, dificultará o processo de produção de gás biológico (biogás) e afectará também o rendimento do gás.

- O gás da câmara de fermentação não é utilizado diretamente, mas é armazenado num reservatório de gás auxiliar protegido por uma válvula de segurança. É este reservatório de gás auxiliar, e não o reservatório de gás principal, que está ligado a todos os aparelhos domésticos.

4.5 Evolução e tecnologia do biogás no Terceiro Mundo

A tecnologia do biogás no terceiro mundo está na sua fase de incubação, embora seja um facto inegável que foram feitos muitos progressos, mas ainda há mais a desejar a este respeito. É de notar que a maior parte do desenvolvimento do gás biológico (biogás) se centrou na Índia, no Paquistão, na China e também nas Filipinas. David French, no discurso "The Economics of Renewable Energy Systems", expressou sérias dúvidas sobre os benefícios sociais e económicos das centrais de biogás fortemente subsidiadas.

As unidades de biogás na Índia foram introduzidas experimentalmente na década de 1930 e a investigação centrou-se, de facto, na estação de depuração de águas residuais de Dadar, em Bombaim. Estes esforços de investigação foram empreendidos pela divisão de química do solo, Instituto de Investigação Agrícola da Índia,

Nova Deli, por S.V Desai e N.V Joshi. As primeiras instalações não eram rentáveis em termos de produção de gás, embora os modelos se destinassem principalmente a fornecer gás a pequenas famílias e fossem considerados tecnologicamente ineficazes para difusão. Além disso, na década de 1950, Jashbhai Patel concebeu vários digestores de biogás em pequena escala para trabalhadores agrícolas e, em 1961, a Khadi and Village Industry Corporation optou por promover o projeto de Patel, embora dispendioso, mas mais produtivo e com uma vida útil mais longa e necessidade de manutenção mínima.

Na sua visão, Mahatma Gandhi tinha previsto um sistema de comunidades descentralizadas e auto-suficientes, sustentando as suas necessidades a partir do ambiente local e organizando empreendimentos geradores de rendimentos e em torno de estruturas cooperativas. No entanto, cinquenta anos depois, a visão de Gandhi de "Swadeshi", que significa autossuficiência para a Índia, é ainda mais urgente do que nunca.

Só na Índia, a biomassa representa 57% das necessidades energéticas nacionais. Embora seja lamentável que este valor raramente seja citado nas estatísticas oficiais da energia da Índia, este facto pode talvez ser atribuído ao baixo estatuto atribuído a esta fonte de energia.

4.6 Potencial de biogás da Nigéria

Apesar de a Nigéria ser um produtor de petróleo e gás, o país enfrenta uma grave crise energética devido às contínuas interrupções no fornecimento. As redes centralizadas de distribuição de petróleo e gás da Nigéria são alvos fáceis para rebeldes, hackers de energia e criminosos.

Mas um biotecnólogo nigeriano baseado na Suécia, Dr. Ade Abdulrahim, diz que o seu país natal tem um recurso que pode fornecer um fluxo de energia muito mais seguro, porque descentralizado. A tecnologia é simples, fácil de gerir, altamente eficiente, renovável, económica e pode ser localizada independentemente das linhas de abastecimento (ao contrário das centrais térmicas a gás natural). O recurso eliminaria a poluição urbana e os fluxos de resíduos, um problema grave nas cidades em rápido crescimento da Nigéria. Estamos, obviamente, a falar de biogás. De acordo com o cientista, a Nigéria poderia gerar até 600 000 MW de biogás apenas utilizando os fluxos de resíduos orgânicos existentes (e não culturas de biomassa específicas). Este potencial resume-se a cerca de 4740 gigawatts-hora de eletricidade, o suficiente para satisfazer as actuais necessidades de eletricidade de cerca de 58 milhões de nigerianos (o consumo de eletricidade per capita da Nigéria é de cerca de 81 kwh por ano / em comparação com a média dos EUA de 13.000). O perito, que foi um dos muitos nigerianos que participaram no Fórum da Diáspora sobre Ciência e Tecnologia, recentemente concluído em Abuja, disse estar confiante de que o Governo Federal da Nigéria poderia explorar este potencial investindo apenas 2 mil milhões de dólares na tecnologia.

"O cálculo que tenho agora é que, em comparação com o investimento proposto no projeto hidroelétrico de Mambila, que está a custar ao Governo Federal cerca de 2 mil milhões de dólares para gerar 2000MW, investir o mesmo montante na tecnologia do biogás pode dar ao país 600.000MW", disse. Abdulrahim, cujos esforços anteriores para vender a ideia às autoridades nigerianas não conseguiram receber a atenção necessária, descreveu a tecnologia como uma combinação de sistemas de microbiologia e biotecnologia, utilizando resíduos domésticos e municipais, especialmente fezes e resíduos de biomassa para gerar o gás verde .

Explicando a um público leigo o funcionamento da tecnologia, o perito disse que, através de um sistema de gestão de resíduos, "podemos recolher os resíduos, separá-los e colocá-los em cima de uma membrana (uma espécie de filtro) e comprimi-los utilizando um compactador, de modo a que não entre oxigénio para permitir uma boa fermentação" [digestão anaeróbia

Tabela 4.1: Estimativa do potencial das FER na Índia

Fonte/Sistema	Potencial aproximado
Centrais de biogás (em milhões)	12
Biogás (MW)	17,000

Fonte: KIVC, 1993

A partir do quadro acima, é óbvio que as perspectivas do biogás na Índia são enormes. O Governo indiano encara a tecnologia do biogás como um veículo para reduzir a pobreza rural e como um instrumento que faz parte de um esforço mais vasto de desenvolvimento rural. Além disso, o governo organizou o Projeto Nacional de Desenvolvimento do Biogás a nível nacional e várias ONG têm estado activas na execução do programa. Existem cerca de 2,5 milhões de instalações de biogás domésticas e comunitárias instaladas em toda a Índia.

O enorme potencial do biogás, estimado em 17 000 MW, é apresentado no quadro 2.0. Esta capacidade foi obtida a partir dos resíduos agrícolas estimados e do estrume dos 300 milhões de bovinos da Índia. A tecnologia do biogás na Índia pode ter o potencial de provocar um curto-circuito na transição energética da biomassa para os combustíveis modernos. Acrescentou ainda que a tecnologia do biogás é absolutamente útil na economia rural indiana e pode satisfazer várias utilizações finais, podendo proporcionar ao utilizador oportunidades de geração de rendimentos. Na Índia, o biogás foi identificado para resolver várias necessidades económicas, desde ser um combustível substituto da lenha, do estrume, dos resíduos agrícolas, da gasolina, do gasóleo e da eletricidade. Pode ser utilizado para alimentar motores, numa mistura de combustível duplo com gasolina e gasóleo, e pode ajudar a bombear sistemas de irrigação. O sistema de biogás pode aumentar a produtividade agrícola, aumentar a segurança alimentar local, reduzir a probabilidade de doenças crónicas e reduzir significativamente as emissões associadas à combustão de biocombustíveis.

Na Índia, um grande número de centrais de gás gobar está a ser utilizado pelos aldeões não só como fonte de energia barata, mas também como medida de controlo da poluição e de melhoria das condições de saúde e saneamento.

As instalações de biogás também fornecem fertilizantes orgânicos altamente enriquecidos. Em 1961, foi também criada uma estação de investigação de gás gobar em Ajitmal (distrito de Etawah em V.P.), que concebeu uma variedade de instalações de gás adaptadas às condições indianas e que fornecem eletricidade a baixo preço. Os digestores das "centrais de gás" estão quase inteiramente enterrados no subsolo, com uma cúpula fixa que serve de reservatório de gás.

No início da década de 1970, o governo da Índia decidiu dar impulso à produção de gás gobar (rebaptizado em 1982 como biogás) através da digestão anaeróbia de gobar (estrume de vaca) para satisfazer as necessidades de combustível da população rural. Esperava-se que este modo de produção contribuísse para a melhoria económica e o bem-estar social do sector rural. Foram lançados e devidamente subsidiados modelos de dimensão familiar e comunitária. A tarefa de desenvolvimento e propagação do modo de produção foi confiada ao Departamento de Agricultura do Punjab.

Foi efectuada uma avaliação das unidades de biogás de dimensão comunitária (CBP) e verificou-se que, até então, tinham sido sancionadas 120 CBP, das quais apenas 68 tinham sido concluídas e colocadas em funcionamento. O desempenho dos 68 comissionados era de oito PBC "fechados" ou "não funcionais", 15 a funcionar com uma "capacidade de ligação (CC)" inferior a 25% e 43 a funcionar com uma CC de 50%. Para esta situação dos pontos de acesso fronteiriços, tal como foi obtido, foi considerada responsável não só a má gestão mas também a inexistência de infra-estruturas adequadas necessárias para a melhoria da tecnologia. Desde então, não se registou qualquer alteração significativa da situação, apesar de a "gestão dos PBC" ter sido transferida para a PEDA (Punjab Energy Development Agency).

Além disso, afirmou que o Governo do Punjab ia instalar um PFC na aldeia de Kaljharani, no distrito de Bathinda, que faria parte do projeto de emprego rural total. O projeto inclui a criação de um moderno complexo leiteiro e de uma central de energia solar. O CBP será alimentado pelo estrume resultante do complexo leiteiro. Espera-se que o PEDA crie o PFC com uma tecnologia melhor do que a adoptada até à data para os PFC, de modo a obter o desempenho pretendido. Propõe-se examinar os modelos melhorados que foram considerados bem sucedidos na Índia.

Acredita-se que, no Paquistão e no Nepal, apenas os agricultores com boas condições, com um número adequado de animais e uma boa base de capital, podem dar-se ao luxo de construir unidades de biogás.

Está igualmente estabelecido que na China existem cinco milhões de instalações simples de unidades de biogás em zonas rurais. Na República Popular da China, foram registados êxitos espectaculares. Segundo consta, foram construídas cerca de sete (7) milhões de unidades de biogás à escala familiar e comunitária. Os êxitos chineses suscitaram grande interesse e muitas pessoas falaram sobre a possibilidade de reproduzir a experiência chinesa nos seus países.

Além disso, a China conseguiu desenvolver os seus processos de tratamento do estrume. A disponibilidade de um grande número de suínos e uma distribuição relativamente equitativa dos recursos são factores importantes. Os projectos chineses conservam os recursos, são compactos e adaptam-se a todos os materiais de construção disponíveis. As centrais de biogás são construídas com materiais disponíveis localmente. Os blocos ou tijolos e pedras são maioritariamente utilizados com materiais locais, que são na realidade cimento de baixo custo, e os digestores são mesmo esculpidos em rochas sólidas. Além disso, os mecanismos chineses de auto-pressurização incorporados foram concebidos com a intenção de eliminar a necessidade de coberturas metálicas dispendiosas.

No entanto, Village Earth argumentou que a aplicabilidade e a adoptabilidade da experiência chinesa em matéria de biogás foram postas em causa por alguns observadores, que afirmaram que qualquer tentativa de reproduzir essas experiências fora da RPC se deparou com um fracasso constante e resultados desiguais. Além disso, o cimento, a cal, as pedras extraídas e os materiais de construção disponíveis localmente na China são geralmente escassos noutros países. Além disso, o engenho, as competências e a diligência especiais da cultura chinesa em matéria de construção e manutenção podem ser difíceis de encontrar ou desenvolver noutros locais.

Diz-se que os digestores chineses são semelhantes a fossas sépticas e que o volume de gás produzido pode ser uma fração dos digestores de águas residuais em grande escala, o que significa que o gás produzido pode ser significativamente inferior ao que se supõe e carece mesmo de confirmação.

Numa coletânea de artigos sobre a "conceção, construção, manutenção e funcionamento das tecnologias chinesas que permitem aos chineses tratar os excrementos humanos, o estrume dos animais e os resíduos agrícolas para produzir fertilizantes líquidos, composto e gás metano", editada por Michael McGarry e Jill Staninford, em 1978, sugeriu-se que, de um certo ponto de vista experimental sobre os "poços de gás dos pântanos" durante o Grande Salto em Frente, em 1957, as instalações de metano estavam amplamente espalhadas por 7-10 milhões de pessoas. No entanto, os relatórios actuais sobre estas unidades de biogás referem que, embora sejam baratas, são totalmente ineficientes na produção de gás e só se justificam economicamente pela quantidade de fertilizantes e pelos benefícios para a saúde que proporcionam. Acrescentaram ainda que a tecnologia chinesa do biogás parece prometedora para os países em desenvolvimento, mas a transferência desta tecnologia permaneceu em grande parte uma miragem sem o apoio e o empenhamento do governo da China.

Em 1964, a China tinha desenvolvido e padronizado a gestão e a eliminação higiénica de excrementos e urina, expandido a fonte e aumentado a eficiência do fertilizante e da recolha e criado um fertilizante de alta qualidade através da destruição das bactérias e ovos parasitas que existiam nos excrementos e urina de humanos e animais domésticos. Além disso, diminuiu a morbilidade dos agentes patogénicos entéricos, reduziu as áreas de reprodução de moscas e mosquitos, melhorou a saúde ambiental, promoveu e aumentou a produção de alimentos e aumentou os padrões de saúde de todos os membros da comunidade. A Aldeia Terra acrescentou que, entre 1963 e 1971, a produção alimentar por hectare aumentou quase 74%, a morbilidade dos agentes patogénicos entéricos diminuiu 80% e a morbilidade da doença dos suínos diminuiu de 5 para 0,3%. Este facto aumentou obviamente o perfil sanitário da aldeia e transformou-a.

Num manual chinês sobre biogás, elaborado por um grupo líder para a propagação do gás de pântano, a província de Szechuan, em 1979, explicou como planear, construir e cuidar de digestores de baixo custo e do tipo fossa.

4.7 Biogás em África

A tecnologia do biogás percorreu um longo caminho em África e especificamente na África Oriental e Austral, onde os pastores e agricultores nómadas são em grande número. Os números do quadro 2.3 mostram a produção de biogás em alguns países africanos.

Quadro 4.2: Produção de biogás em África

País	Pequeno (100 m)^3	Grande (100m)^3	Ano de construção
Tanzânia	1000	-	1993
Quénia	500	-	1993
Burundi	152	63	1989
Zimbabué	>100	-	1992

Uganda	10	-	1995
Botsuana	-	1	1984
Malawi	-	1	1992

Fonte: *Obichigha, 2005*

Estes países africanos agarraram o touro pelo corno e juntaram-se à Liga das Nações na produção de biogás.

A Nigéria não fica de fora, com cerca de 1,3, 1,2 e 160 milhões de cabeças de gado, suínos e aves de capoeira, respetivamente. Estes números constituem um bom incentivo e são suficientes para gerar biogás suficiente para a combinação de energias de que a Nigéria necessita.

4.8 Constrangimentos na produção de biogás

Os principais constrangimentos à disseminação da tecnologia do biogás em África e em muitos países em desenvolvimento em todo o mundo foram resumidos da seguinte forma:

- Elevado custo de investimento inicial para os tipos comuns de unidades de biogás.

- Falta de regimes de crédito flexíveis e favoráveis à comunidade para ajudar os agricultores pobres a possuir plantas.

- Más experiências e má imagem criadas por muitas unidades de biogás que fracassaram.

- Falta de empenho do governo (política) e contribuição limitada do sector privado devido ao baixo incentivo ao lucro.

- Falta de informação recente sobre a tecnologia do biogás, tanto no interior do país como em países onde a tecnologia tem sido bem sucedida, como o Vietname e o Camboja.

- Falta de apoio financeiro às pequenas empresas e aos indivíduos sérios para criarem uma atividade comercial eficaz no sector das tecnologias energéticas adequadas

CAPÍTULO 5

ABORDAGEM QUANTITATIVA DO BIOGÁS PRODUÇÃO

5.1 Materiais para a produção de biogás-5.2 Procedimentos para a produção de biogás

5.3 Determinação de ar, CO, CH4 e CO_2 *em gases - 5.3.1 Conclusões - 5.3.2 Revelações*

OBJECTIVOS E RESULTADOS DA APRENDIZAGEM

Os objectivos da presente secção são os seguintes

✓ *Analisar o material para a produção de biogás.*

✓ *Explicar o processo de produção de biogás.*

✓ *Explicar como o ar, o CO, o CH4, o CO2 e outros gases são determinados durante a produção de biogás utilizando o cromatógrafo de gás 250 e o integrador de gás.*

Estudantes de ciências, engenheiros, licenciados em opções energéticas e tecnólogos terão acesso a informações e material de estudo sobre a produção de biogás.

Este capítulo aborda a composição das amostras utilizadas, a razão de mistura, as condições de produção de gás, os processos de produção de biogás, o método de recolha de gás e a análise do gás.

5.1 Materiais para a produção de biogás

Algumas amostras de estrume fresco de vaca foram obtidas na quinta Sebore (Zona de Processamento de Exportação) de vacas Jersey, vacas Holstein Frísia e vacas Simmental e vacas Fulani brancas locais. As vacas foram alimentadas com concentrados; di-cálcio, pré-mistura, farinha de soja, miudezas de trigo, sementes de corte, melaço, casca de corte, gramíneas e milho fresco. O estrume de vaca fresco foi pesado e misturado com água para formar uma pasta numa proporção de 1:1 por volume.

A produção de biogás é reforçada pela presença de iões metálicos na biomassa. A espécie era o jacinto de água (*Eichornia crassipes Solms*), que floresce em massas de água eutróficas. O jacinto de água tem sido considerado uma praga ambiental. No entanto, uma vez que a planta cresce em alta densidade, o que praticamente leva ao entupimento, foi utilizada nesta investigação para aumentar a produção de biogás.

O Cromatógrafo-Integrador de Gás 263-50 e o Amostrador de Gás foram utilizados para a recolha e análise das amostras de biogás recolhidas no bio-reator.

5.2 Procedimento para a produção de biogás

A temperatura do substrato é um fator importante na produção de biogás. Com uma flora mesófila, a digestão ocorre melhor a 30 - 40 C; com termófilos, a gama óptima é de 50 - 60^0 C. A escolha da temperatura a utilizar é influenciada por considerações climáticas. Em geral, não existe uma regra geral, mas para uma estabilidade óptima do processo, a temperatura deve ser cuidadosamente regulada dentro de um intervalo estreito da temperatura de funcionamento.

No entanto, durante esta investigação, a temperatura desceu abaixo dos 35^0 C, o que afectou bastante a produção de biogás e os resultados, embora não muito. A gama de temperaturas médias entre 25 C-35^{00} C foi utilizada nesta investigação; baseou-se nas previsões meteorológicas e de temperatura diárias recolhidas durante um período de 30 dias. Não houve regulação da temperatura, a temperatura operacional baseou-se na gama de temperaturas ambiente.

O período de retenção foi reduzido devido à aplicação dos dejectos ou excrementos humanos como um iniciador para aumentar a produção rápida de biogás. No espaço de 9 a 14 dias começou a produção de biogás. O valor do pH do chorume foi mantido num valor favorável de cerca de 6,8, o que foi conseguido depois de algumas amostras de estrume terem sido misturadas com água e o pH ter sido medido com um medidor de pH. A presença de iões metálicos na biomassa, ou seja, o jacinto de água, foi concebida para aumentar a produção de gás em 40%.

Foi utilizada uma bomba de vácuo ou uma máquina de extração para extrair o ar (criar vácuo) do coletor de amostras, após o que a amostra de biogás foi retirada da válvula de saída do digestor. A amostra de gás foi introduzida no cromatógrafo de gás 263-50, que foi ligado a um integrador de cromatografia D2500 e carregado durante um período de 13 minutos. Os resultados foram representados num gráfico pelo D2500 Chromato-Integrator e o integrador apresentou um resumo no espaço de 13 minutos. Os resultados indicam a presença de ar (oxigénio e azoto), CH_4 e CO_2 nos gases.

A análise do biogás foi efectuada nas seguintes condições, a partir das quais foram feitas as devidas deduções:

5.3 Determinação de ar, CO, CH4 e co2 em gases

a. Dimensão da coluna = 2m x 3m Aço inoxidável

b. Material da coluna = Carvão ativado

c. Temperatura

- Coluna = 80 C^0

- Detetor = 150 C^0

- Temperatura da amostra = Ambiente (25^0 C)

d. Gás portador = Hélio

e. Caudal de gás de transporte = 45 ml/min

f. Corrente = 100mA

g. Polaridade = -ve

h. Ordem de eluição = Ar, CO, CH_4 e CO_2

A ordem de eluição (Ar, CO, CH_4 e CO2), é a ordem pela qual os gases evoluíram da coluna e são impressos pelo Cromato-Integrador D2500. Isto forneceu o guia para interpretar os resultados do Cromato-Integrador.

O conteúdo do gás foi analisado utilizando o cromatógrafo a gás 263-50, sendo os resultados apresentados com o auxílio do cromatógrafo a gás D2500. No entanto, foram observados alguns erros e limitações durante a análise. O Cromatógrafo de Gás 263-50 não conseguiu separar todos os gases devido à coluna utilizada.

Além disso, devido à natureza sensível do cromatógrafo de gás, ocorre normalmente um erro durante a injeção do gás e esse erro reflecte-se consequentemente nos resultados obtidos.

Os dados recolhidos no trabalho de campo são aqui apresentados e analisados. Isto é, para as vacas Jersey, Simmental, Holstein e Fulani Branco, respetivamente.

Quadro 5.1: Análise do biogás a partir de estrume de vaca Jersey

S/N	TEMPO DE RETENÇÃO (s)	ÁREA (m)^2	ALTURA (m)	MOLES %	FACTOR	BC
1	0.246	1833	66	0.055	1.000	BB
2	1.530	2299144	182936	69.233	1.000	BB
3	4.703	259032	14741	7.800	1.000	TBB
4	11.170	760050	17294	22.911	1.000	BB
Total	-	3320867	215037	100.000	-	

Fonte: Godi, 2012

Quadro 5.2: Análise do biogás a partir de estrume de vaca da raça Simmental

S/N	TEMPO DE RETENÇÃO (s)	ÁREA (mm)^2	ALTURA (mm)	MOLES %	FACTOR	BC
1	0.253	1506	65	0.045	1.000	BV
2	0.600	698	37	0.021	1.000	VB
3	1.543	2011326	168582	60.459	1.000	BB
4	4.653	382032	21107	11.484	1.000	BB
5	11.080	931175	20515	27.991	1.000	BB
Total	-	332637	210306	100.000	-	-

Fonte: Godi, 2012

Tabela 5.3: Análise do biogás proveniente de estrume de vaca da raça Holstein Frisian

S/N	TEMPO DE RETENÇÃO (s)	ÁREA (mm)^2	ALTURA (mm)	MOLES %	FACTOR	BC
1	0.186	322	26	0.010	1.000	BB
2	0.556	24	12	0.001	1.000	BB
3	1.463	2725982	198657	84.916	1.000	BB
4	4.770	5691	345	0.177	1.000	BB
5	11.266	478186	11523	14.896	1.000	BB
Total	-	3210125	210563	100.000	-	-

Fonte: Godi, 2012

Quadro 5.4: Análise do biogás a partir de estrume de vaca branco Fulani

S/N	TEMPO DE RETENÇÃO (s)	ÁREA (mm)^2	ALTURA (mm)	MOLES %	FACTOR	BC
1	0.260	1500	69	0.048	1.000	BV
2	0.610	446	34	0.013	1.000	VB
3	1.513	2829635	205996	85.331	1.000	BB
4	4.790	52935	3134	1.596	1.000	BB
5	11.340	41450	10469	13.011	1.000	BB
Total	-	3316054	219702	100.000	-	-

Fonte: Godi, 2012

Quadro 5.5: Composição do biogás resultante da investigação

Composição da matéria do biogás	Fórmula química	Branco Fulani (%)	Holstein (%)	Jersey (%)	Simental (%)
Metano	CH_4	85.331	84.916	69.233	60.459
Dióxido de carbono	CO_2	13.011	14.89	22.911	27.991
Nitrogénio	N_2	1.596	0.177	7.800	11.484
Hidróxido de carbono	CO	0.13	0.001	0.001	0.021
Ar	(N +O)	0.048	0.010	0.055	0.045
Total	-	100.00	100.00	100.00	100.00

Fonte: Godi, 2012

Quadro 5.6: Valores caloríficos do biogás obtido de vacas das raças Jersey, Simmental, Holstein e Fulani branca

S/No.	Espécie de vaca	Percentagem (%) Metano	Poder calorífico (Cal/m)^3
1	Fulani branco	85,331% (CH)$_4$	197,157 cal/m^3
2	Holstein Frísia	84,916% (CH)$_4$	196,199 Cal/m^3
3	Jersey	69,233% (CH)$_4$	159,963 Cal/m^3
4	Simental	60,459% (CH)$_4$	149,235 cal/m^3

Fonte: Pesquisa de campo 2011

5.3.1 Conclusões

As principais conclusões desta investigação, baseadas na análise do teor de biogás e na apresentação de dados, são as seguintes

- A investigação revelou, de um modo geral, as seguintes quatro variedades de vacas em estudo.

- A vaca Fulani branca produziu a maior quantidade de metano, 85,331% (em biogás) e tem o maior valor calorífico, 197,157 cal/m^3 a partir da análise efectuada. Segue-se a Holstein, 84,916%, a Jersey, 69,233% e a Simmental 60,459%, respetivamente.

- O biogás do Simmental continha mais azoto do que o das vacas Jersey, Holstein e White Fulani.

- A quantidade de CO_2 no biogás do Simmental é superior à dos outros biogás.

- O biogás da vaca Jersey tem uma maior quantidade de ar, segundo a análise do gás.

- Existe uma forte correlação entre os diferentes gases produzidos a partir da análise do biogás das quatro vacas.

5.3.2 Revelações

(a) A coluna utilizada no Cromatógrafo de Gás 263-50 afectou a análise e não conseguiu eluir outros gases.

(b) A constante flutuação de temperatura registada no ambiente de produção de gás pode ter afetado os resultados.

(c) O erro durante a injeção de gás no cromatógrafo de gás sensível 263-50 pode ter afetado os resultados da análise

(d) Os concentrados, a pré-mistura, o di-cálcio, o melaço e os antibióticos utilizados no tratamento de Jersey, Simmental e Holstein contra as doenças podem ter afetado e influenciado o resultado da análise e, consequentemente, os resultados.

As conclusões desta investigação baseadas nos resultados da análise e apresentação dos dados nas tabelas 4.6 e 4.7 revelaram que o Fulani branco tem a maior quantidade de metano (85,331%) gerado. No entanto, isto é uma boa notícia porque o Fulani branco é comum na Nigéria. A sua disponibilidade, resiliência e baixo custo em termos de alimentação podem levar a um grande avanço para a Nigéria se forem devidamente utilizados.

Em segundo lugar, a quantidade de CO_2 gerada em todo o processo está dentro das quantidades especificadas e aceitáveis. Os factores que afectam a produção de gás na unidade de biogás dizem que, se forem utilizados alimentos para gado no chorume, o gás metano produzido é de cerca de 55 a 60% (CH_4), juntamente com 40-45% de dióxido de carbono (CO_2) e alguma quantidade de sulfureto de hidrogénio (H_2S). O biogás produzido fora da gama de temperaturas de 32-350C terá uma percentagem mais elevada de dióxido de carbono, sulfureto de hidrogénio e vapor de água, reduzindo assim a combustibilidade.

A incapacidade de manter a temperatura na zona mesófila (37-41^0 C) e na zona termofílica (5055^0 C) pode ter explicado a pequena diferença nos resultados.

Por conseguinte, para a produção adequada de biogás (metano) em grande quantidade, o Fulani branco é o melhor, seguido do Holstein, do Jersey e do Simmental. Além disso, o Fulani branco local mostrou resiliência, boa quantidade de biogás combustível e baixo teor de dióxido de carbono (CO_2). A quantidade de biogás pode ainda ser melhorada no Fulani branco através da aplicação de mais jacinto de água com excrementos bovinos, humanos e urina masculina para aumentar a produção em 40%.

REFERÊNCIAS

[5.1] . Alli, F. (2010). *Vanguard Nigéria: Homem pode procurar investidores para energia de biogás.* allAfrica.com. [Recuperado em dezembro, 20101

[5.2] . Produção de biogás (2010). *Produção de Biogás.* http://www.molecular-plant-biotechnology.info/biotechnology-environment-energy/bio-gas-production.htm. [Recuperado em fevereiro de 2011].

[5.3] . Centrais de biogás (2010). *Central de biogás, Construção de central de biogás, Exportador de central de biogás, Fabricante de central de biogás.* http://www.industrialgasplants. com/biogas-plant. Html. [Recuperado em janeiro, 2011].

[5.4] . Cheremisinoff, N. P. (1980). *Biomass: applications, technology, and production.* Nova Iorque: In M. Dekker; Lewis, C. (1983). *Biological fuels,* Londres. http://www.adelaide.edu.au/biogas/resources/project.pdf. [Recuperado em março de 2011].

[5.5] . Dekker, M., e Lewis, C. (1983). *Biomass: Applications, Technology, and Production.* Nova Iorque; http://www.adelaide.edu.au/biogas/resources/project.pdf. [Recuperado em janeiro de 2011].

[5.6] . Dhillon, G.S. (2009). *Atualização da tecnologia do biogás (Gobar).* Mothercow.org, www.gobartimes.org. [Recuperado em abril de 2011].

[5.7] . Esan, A. A. (2008). *Desenvolvimento de uma rede global para a promoção da política e da legislação em matéria de energias renováveis na Nigéria.* Comissão de Energia da Nigéria, NATCOM-UNESCO e UNESCO, Workshop Nacional sobre a Criação de um Quadro Legislativo e Sensibilização para a Utilização de Energias Alternativas para o Desenvolvimento Sustentável na Nigéria. Calabar- Nigéria. PP. 10-11.

[5.8] . Geeta, G.S., Jagadeesh, K.S., e Reddy, T.K.R. (1990). *Nickel as an accelerator of biogas production in water hyacinth (Eichornia crassipes).* Biomassa 21, PP. 157-161.

[5.9] . História do Biogás (2011). *Centrais de Biogás.* http://www.molecular-plant. [Recuperado em junho de 2011].

[5.10] . Jawurek, H.H., Lane, N. W., e Rallis, C. J. (1987). *Biogás/gasolina como combustível duplo de um motor SI para uso rural no Terceiro Mundo.* Biomass 13, PP. 87-103.

[5.11] . Khemani, H. (2009). *Reacções Químicas no Gerador de Bio-gás.* Planta (Fontes de imagem: www.gobartimes.org). [Recuperado em maio, 2011]

[5.12] . Nijaguna, B.T. (2002). *Biogas Technology,* New age international (p) Ltd., publishers, New Delhi, India. pp. 233-245.

[5.13] . Obayomi, O. (2008). *A tecnologia do biogás é uma fonte de energia barata que pode utilizar.* Success Digest, 15 Jan; 2008. P. 2.

[5.14] . Obichigha, P. C. (2005): *Projeto, Construção e Teste de um Digestor de Biogás.* Projeto não publicado de B. Eng. Projeto, Engenharia Mecânica, Universidade Federal de Tecnologia, Yola. PP. 23-40.

[5.15] . Tietjen, C. (1975): *From Biodung to biogas-HistoricalReview of European Experience,* in Energy, Agriculture, and Waste Management; Ann Arbor Science Publishers. P. 274.

[5.16] . Village Earth (2010): *Energy : Biogas,* The consortium for sustainable Village-based Development. www.BogasEurope.com. [Recuperado em fevereiro de 2011].

[5.17] . Alimahmoodi, M. e Mulligan, C. N. (2008). *Anaerobic bioconversion of carbondioxide to biogas in an up flow anaerobic sludge blanket reator* (Technical Paper). A Journal of the Air & Waste Management Association. PP. 10-14.

[5.18] . Arnott, M. (1982). *The Biogas and Biofertilizer Business handbook:* Um manual para Voluntários. Voluntários do Corpo da Paz e Trabalhadores de Desenvolvimento do Corpo da Paz. PP. 171. *www.BogasEurope. com*

[5.19] . Barnett, A., Pyle, L. e Subraimanian, S. K. (1985). *Biogas Technology in the Third World:* A Multidisciplinary Review Journal. PP. 132

[5.20] . Bio Applications Initiative (2008). *Small Scale Production of Biogas from Cassava Peel (Produção de Biogás em Pequena Escala a partir da Casca de Mandioca).* 1 de fevereiro de 2008. http ://www.bioapplications.blo gspot.com.

[5.21] . Briggs, H.M e Briggs, D.M (1980). *Modern Breeds of Livestock (Raças Modernas de Gado).* Forth Edition, MacMillan Company. PP. 210 -212.

[5.22] . Butani, D. K. (2006). Dictionary of biology, Academic (India) Publishers, New Delhi-110008. 230-234.

[5.23] . Dangogo, S. M. e Fernado, C.E.C. (1986). *A Simple Biogas Plant with Addition Gas Storage System.* Nigerian Journal of Solar energy, Vol. 5, PP. 134-141

[5.24] . Dhillon, G.S. (2009). *Atualização da tecnologia do biogás (Gobar). Mothercow.org, www.gobartimes.org* [Retrieved May, 2011]

[5.25] . Habig, C. (1985). *Influências da composição do substrato nos rendimentos de biogás dos digestores metanogénicos.* Biomass, 8 (1985), PP. 245-253.

[5.26] . Itodo, I. N. e Kucha, K.I. (1997). *Prospect of Biogas Technology in the Agriculture Development of Nigeria (Perspetiva da tecnologia do biogás no desenvolvimento agrícola da Nigéria).* Nigeria Journal of Renewable Energy, Vol.5, No.1 &2. PP. 21-24.

[5.27] . Jawurek, H.H., Lane, N. W. e Rallis, C. J. (1987). *Biogas/petrol dual fuel of SI engine for rural Third World use.* Biomass 13 (1987), PP. 87-103.

[5.28] . Kalia, A.K. (1988). *Desenvolvimento e avaliação de um digestor anaeróbio de fluxo de tampão de cúpula fixa.* Biomass 16, PP. 225-235.

[5.29] . Lichtman, R. J. (1983). *Biogas Systems in India (Sistemas de Biogás na Índia).* VITA (Voluntários em Assistência Técnica). Virgínia, EUA. www.BogasEurope.com [Recuperado em junho de 2011]

[5.30] . Martin, J. H. (2005). Final an evaluation of a mesophilic, modified plug flow anaerobic digester for dairy cattle manure, Eastern Research Group, Inc., 1600 Perimeter Park, Morrisville, NC 27560, EPA Contract No. 1600 Perimeter Park, Morrisville, NC 27560, EPA Contract No. GS 10F- 0036K, Work Assignment/Task Order No. 9. *http://www.epa.gov/agstar/pdf/gordondale report final.pdf.IRetrievedMav, 2011]*

[5.31] . McGarry, M. e Stainforth, J. (1976). *Compost, Fertilizer, and Biogas Production from Human and Farm wastes* in the People's Republic of China. PP. 93.

[5.32] . Nag, K.N., Mathur, A.N. e Chhabra, K.K. (1986). *Adoção de unidades de biogás em aldeias rurais e tribais de Udaipur.* Journal of Rural Development. Vol.5, (5), PP. 553-560.

[5.33] . Ndubuka, I. O. (1998). Biogas, Meeting Domestic Fuel Need. Jornal de Biotecnologia da Nigéria. Vol.5 (1998), PP. 22-25.

[5.34] . Obayomi, O (2008). *A tecnologia do biogás é uma fonte de energia barata que pode utilizar.* Success Digest, 15 Jan; 2008. P. 2

[5.35] . Prasad, R. (2010). *Fuel Efficient Cook stoves Using Cow Dung Cakes,* Boiling Point, Issue 30 (1993) Sales and Subsidies, Centre for Rural Development and Appropriate Technology, IIT, New Delhi . *http://www.hedon.info/goto.php/FuelEfficientCookstovesUsingCowDungCakes* [Retrieved, July, 2011]

[5.36] Ranade, D. R., Yeole, T. Y., Godbole, S. H. (1987). *Produção de biogás a partir de resíduos de mercado.* Biomass, PP. 147-153.

[5.37] . Rege, J.E.O. (1999). *O estado dos recursos genéticos do gado africano I.* Quadro de classificação e identificação de raças ameaçadas e extintas. Boletim de Informação sobre Recursos Genéticos Animais da FAO/UNEP. PP. 25:1-25.

[5.38] . Santhinathan, M. A. (1997). *Biogas: Achievement and Challenge,* por associação de voluntários Agency for Moral

Desenvolvimento da Colónia de Kailahs. Nova Deli, Índia. P. 14.

[5.39] . Shadduck, G. e Moore, J. (1975). *The anaerobic Digestion of Livestock Wastes to produce Methane (A digestão anaeróbia de resíduos de gado para produzir metano).* Department of Agricultural Engineering, University of Minnesota, 1390 Eckles avenue, St. Paul Minnesota 55108, USA. www.BogasEurope.com [Recuperado em maio de 2011]

[5. 40]. Sharma, S. K., Mishra, I. M., Sharma, M. P. e Saini, J. S. (1988). *Effect of particle size on biogas generation from biomass residues (Efeito da dimensão das partículas na produção de biogás a partir de resíduos de biomassa).* Biomass 17 (1988), PP. 251-263.

[5.41] . Sauboile, B e Bachmann, A (1983). *Fuel Gas from Cow Dung.* UNICEF-Nepal. PP. 104. www.BogasEurope.com [Recuperado em junho de 2011].

[5.42] . Tawah, C.L. e Rege, J.E.O. (1996). *White Fulani cattle of west and central Africa (Gado Fulani Branco da África Ocidental e Central).* Boletim de Informação sobre Recursos Genéticos Animais. Vol.17, PP.137-158.

[5.43] . Tietjen, C. (1975). *Final an evaluation of a mesophilic, modified plug flow anaerobic digester for dairy cattle* manure, eastern research group, inc. 1600 perimeter park, morrisville, nc 27560, epa contract no. gs 10f-0036k, work assignment/task order no. 9. *http://www.epa.gov/agstar/pdf/gordondale report final.pdfTRetrieved July, 2011]*

[5.44] . Tietjen, C. (1975). *From Biodung to biogas-Historical Review of European Experience,* em "Energy, Agriculture, and Waste Management"; Jewell W.J. editor, Ann Arbor Science Publishers. P. 274.

[5. 45]. Werner, U., Stohr, U. e Hees, N. (1989). *Biogas Plants in Animal Husbandry:* Um Guia Prático. DM 29,80 da Gate. P. 153.

yes

I want morebooks!

Buy your books fast and straightforward online - at one of world's fastest growing online book stores! Environmentally sound due to Print-on-Demand technologies.

Buy your books online at
www.morebooks.shop

Compre os seus livros mais rápido e diretamente na internet, em uma das livrarias on-line com o maior crescimento no mundo! Produção que protege o meio ambiente através das tecnologias de impressão sob demanda.

Compre os seus livros on-line em
www.morebooks.shop

info@omniscriptum.com
www.omniscriptum.com

MIX
Papier aus verantwortungsvollen Quellen
Paper from responsible sources
FSC® C105338

Printed by Books on Demand GmbH, Norderstedt / Germany